■ 日本農業の動き ■　No.196

農業の成長産業化を問う

JN139749

農政ジャーナリストの会

目次

農業気象台……4

〈特集〉農業の成長産業化を問う

成長産業化は農政次第で可能……会員 村田 泰夫……6
TPPと農業の成長産業論……TPP政府対策本部首席交渉官代理 大江 博……18
質疑……29
「農政新時代」の日本農業の成長産業化について……自由民主党農林部会長／衆議院議員 小泉 進次郎……42
質疑……55
新聞記者の目で見た農業の成長産業化とは……日本経済新聞編集委員 吉田 忠則……68
質疑……90

農業気象台

〇…「全国菜の花サミット」に参加した。ナタネ栽培を通じて循環型社会の実現と環境再生に取り組む全国の市民団体が結集する同サミットは、〇一年四月に滋賀県新旭町（現・高島市）で第一回が開かれて既に一七回目。今回は福島原発事故からの地域農業再生につなげる狙いもあり、四月二二、二三日に福島県南相馬市で開かれた。

〇…前触れにたがわず、原発事故がメーンテーマといってもいい内容だった。チェルノブイリ原発事故で故郷を失ったウクライナ出身の歌手ナターシャ・グジーさんの歌声と民族楽器演奏なども素晴らしかったが、トークセッションで桜井勝延市長が語った脱原発と復興への熱い思いに心を揺さぶられた。自らも酪農と稲作を営む桜井市長の「幸せを自分で作るのが農業」という言葉が印象に残った。被災地復興は農業再生の成否にかかっている。不運を嘆き国や東電を恨むだけでなく、自らの手で地域を再興していくということだろう。

〇…南相馬市がサミット会場に選ばれた理由は、脱原発と循環型社会という「理屈」だけでない。同市では原発事故後、米に代わる作物としてナタネ栽培が急速に広がっている。地元農家でつくる一般社団法人南相馬農地再生協議会は昨年、約七〇㌶で生産したナタネを食用油やマヨネーズ、石けんなどに加工して販売した。杉内清繁代表は「当面の目標としては一一〇㌶規模」と話す。

〇…同法人は昨年、福島大学と太平洋セメントの共同研究に参加し、ソルガムやデントコーンなど飼料用穀物の生産も始めた。畜産・酪農再開の動きはまだ鈍いが、将来的には地域内で耕畜連携を実現し、家畜の排せつ物を活用したバイオマスエネルギーの生産も目指す。実現すれば、まさに地域レベルの資源循環モデルとなる。

〇…「米に代わる作物」と書いたが、同市では原発事故の影響で米の生産が大幅に減り、一六年の水稲作付面積は一八〇〇㌶程度と以前の三～四割にとどまっている。昨年7月まで避難指示が出ていた南部の小高区に限れば一〇㌶にも満たない。しかも、市全体で収穫された米の八五％は飼料用米だ。「福島の米」というだけで風評被害にさらされる中、標準収量で一〇㌃当たり八万円の助成金

農業気象台

が出るエサ米に頼らざるを得ない現実がある。

○…作付けが再開されない水田も、現在のところは農地除染後の保全管理経費として一〇㌃当たり三万五〇〇〇円の交付金が出ている。だから、避難指示が出ていた地域でも、草ぼうぼうの荒れた田んぼは意外に見ない。その代わり嫌でも目に入るのは、除染で出た土や草木を詰めた黒いフレコンバッグ（合成樹脂の袋）の山だ。除染後の農地には、はぎ取った表土の代わりに山砂が客土され白茶けた色になっている。「この黒い袋に囲まれて農業をやれと言うのか」「何年もかけた土作りが水の泡。まるでテニスコートだ」「除染作業の重機に踏み固められて排水が悪くなった」等々の嘆きが農家から漏れる。

○…最悪の事態は、保全管理の交付金が出なくなった途端、誰も草刈りなどをしなくなることだ。放棄された水田では、三年もすれば湿地帯を好み成長の早いヤナギやハンノキが生えてくるという。いったん山林に戻ってしまえば復田は難しい。明確な方針は示されていないが、保全管理の交付金はあと二年で打ち切られると地元関係者の間ではうわさされている。何らかの形で農地の活用方法を見つけておかなければ、原発事故の被災地は耕作放棄地だらけになってしまいかねない。

○…サミットの前日には、一部の帰還困難区域を除き三月末に避難指示が解除されたばかりの飯舘村も訪ねた。和牛の水田放牧を始める繁殖農家の山田猛史さんに話を聞くためだ。六月になれば、二㌶の田んぼに六頭の牛を放つ。育てた牛に問題がなければ集落全体に取り組みを広げる構想である。米作りを再開しようという人がいない中「農地を荒廃させたら終わり」という強い危機感が山田さんの背中を押した。

○…「米に頼らない農地活用」は原発被災地に限らず、今後の日本農業の最重要課題だろう。しかし、エサ米偏重の助成金体系が多様な農地活用を妨げているように思える。放牧やナタネ栽培に不要な畦畔《あぜ》を撤去すれば、その圃場は「田」ではなく、水田転作の助成金が出なくなるという本末転倒な話も聞いた。福島農業の苦闘は、農政の問題点をも浮き彫りにする。（弥）

特集：農業の成長産業化を問う

成長産業化は農政次第で可能

会員　村田　泰夫

「農業は成長産業である」という主張が近年増えてきた。一時代前は「日本農業は衰退産業である」というのが常識だった。「日本農業の国際競争力はなく、国境措置（関税）などで守るべきだ」として、農業界は農業保護論をぶった。一方の産業界は「競争力のない国内農業を守ることは資源の無駄であり、安い農産物を海外から輸入した方が効率的だ」と、国内農業安楽死論を主張していた。農業界も産業界も「日本農業は弱い」ことでは一致していたのである。その後、産業界に農業安楽死論を主張する論者がいなくなったが、農業界には依然として「日本農業は弱い」論が大手を振っている。残念なことである。

「農業の成長産業化」とは、衰退産業あるいは弱い日本農業を成長産業ないしは強い産業に変えていくという意思が含まれている。農業は現状においても衰退産業なんかではなく、希望に満ちた産業であると、筆者は思う。特に品質の良い農産物を供給し続けている日本農業には潜在的な発展能力がある。政策次第で成長産業に変えていくことも可能である。また、個別経営レベルで見れば、規制・保護産業である農業には、イノベーター（経営革新者）にとって高い収益の見込める妙味ある産業でもある。

食糧を生産しているが故の宿命

日本農業の現状を直視すれば、無条件で「日本農業は成長産業である」と言い切ることには、はばかれる。統計数字を見れば、成長産業などと言えないからだ。日本農業の現状を嘆くデータはたくさんある。農業の重要な生産手段である農地は減り続け、耕作放棄地は平成二七年で四二・三万㌶にのぼる。生産を担う基幹的農業従事者の平均年齢は今や六七歳になり、三九歳以下の若年層は農業就業人口のわずか六・七％しかいない。じり貧と言ってもいい惨状である。

日本経済に占める農業の地位も下がりっぱなしである。農業総産出額は平成二六年で八・四兆円。二〇年前には一〇兆円を超えていたから、産業規模としては明らかに縮小している。農業者の農業所得は二・八兆円で、二〇年前の四・六兆円から四割も減っている。国内総生産（ＧＤＰ）に占める農業の割合は、たったの一％に過ぎない。昭和三〇（一九五五）年には二一・八％もあった。それがつるべ落としのように下がり続けているのである。

ペティ・クラークの法則をご存じだろうか。一国の産業は経済発展に伴い、農林水産業のような第一次産業から、製造業などの第二次産業、そして金融・情報・流通・サービス業などの第三次産業へと変遷していくことをいう。「法則」などと言うまでもなく、農業がさびれていき、代わりに鉄鋼業や自動車産業、電機産業が発展していき、近年では金融や情報・通信産業が隆盛を極めていることは、戦後の日本経済の発展過程の中に身を置いてきた私たち自身が実感していることだ。

なぜ、農業（第一次産業）は製造業（第二次産業）より成長しないのだろうか。農業が食料を生産しているがゆえの宿命なのである。人々は一定数量の食料を必要とするが、所得が増え生活水準が向上しても、それに応じて食料の購入量を大幅に増やすことはない。よりおいしいもの、より高価なものを食べるようになるだろうから、食料費支出は増えるかもしれないが、人々の胃袋は限られている。所得の増加に比例して食料をたくさん買って食べるわけではない。

別の言葉で説明すると「エンゲルの法則」がはたらくのである。所得が増えるにつれ支出に占める食料費の割合は減少する。経済が発展し人々の所得が増えるにつれ、食料に対する需要が相対的に減るので、農業の成長率は相対的に低くなる。一方、第二次産業の作る工業製品への需要は、胃袋という制約がないので、欲しいものへの人々の欲望はとどまることを知らずに増え続ける。急増する需要を満たすため生産を増やす製造業の成長率は高く、農工間の発展に不均衡が生まれる。

また、農業生産には作物や家畜など「生きもの」を相手にしているという食料生産について回る制約がある。工業分野では生産の効率化に絶大な効果を発揮する「分業」が農業生産ではできない。農作物の生産は、春に種をまいて生育を管理し、秋に実ったら収穫する。ある時点で、ある人は種をまき、別の人は収穫するという分業は成り立たないのである。

季節を通じて長期間にわたって育てるという農業の宿命は、需要の増減に臨機応変に対応できないことになる。予想より需要が増えたからと言って、工業製品のように残業して「増産」するわけにはいかない。逆に売れ行きが悪くても、作物や家畜を育て始めてしまえば途中で「減産」することは難しい。さらに、農作物の生産は天候に左右される。日照時間、降雨量によって農作物の収穫量や品質が大きく変わってしまう。雨が降らない干ばつに見舞われると、収穫ゼロといった事態も起きうる。病気や害虫の被害を受けるリスクもある。

必需産業である農業は衰退しない

とはいえ、農産物のような食料は、私たち人々が生きていくうえでなくてはならない必需品である。食料品への需要がなくなることはあり得ない。品質にみがきをかければ、その努力は報われる。農業は必需産業であり、少なくとも衰退産業ではない。

国内市場だけだとか限られた市場だと、成長（需要の拡大）の余地は狭まれてしまうが、海外など市場を広げれば成長の余地は大きくなる。農業を成長産業にできるかどうかは、内外の市場を大きくできるかどうかにかかっている。

成長産業として発展してほしい農業への期待と、衰退と言ってもいい現状との落差は、どこに起因しているのだろうか。工業生産と異なり、生きものを相手として季節に縛られる農業の特殊性にも起因するが、それだけではない。農業政策が深くかかわっている。

生産額や所得などの減少、耕作放棄地の増大、担い手といわれる就農者の高齢化など、衰退といってもいいわが国の農業を成長産業にすることができるのだろうか。農業は作物や家畜など生きものを相手に長期間にわたって育てるという宿命から、成長率は工業と比べて低くなることをこれまで指摘した。しかし、農業政策次第で農業を成長産業化することができる。

成長産業として発展している産業は、需要が伸びている分野である。家電や自動車産業の発展を見てみれば明らかである。戦後まもなく日本経済が急成長し始めた一九五〇年代後半、白黒テレビ・洗濯機・冷蔵庫の家電三品目が「三種の神器」として需要が急増し、家電産業は大きく伸びた。さらに一九六〇年代半ばにはカラーテレビ・クーラー・自動車（カー）のいわゆる「三C」が「新三種の神器」として需要が沸騰した。電機産業から自動車産業へ、成長産業の主役は変遷していった。

わが国の食料、農業はどうだろう。食料品は景気の波に左右されにくいし、コメや牛乳などの基礎的な食料品は手堅い需要に支えられている。半面、国内市場では大きな需要の増大が見込めないので、成長率は工業品と比べると相対的に低くなる。由々しきことに、近年では総人口の減少と人口の高齢化で、食料の需要が減少に転じている。産業としての農業の先行きに暗い影を投げかけていると言わざるを得ない。

海外に目を向け市場を広げ需要を増やす

日本農業を成長産業化する条件の第一は、需要を増やすことである。それには市場を広げればいい。国内市場が飽和状態で、人口減少と高齢化でむしろ縮んでいるのであれば、海外に市場を求めればいいのだ。とはいえ、話はそんなに簡単ではない。

遠距離を輸送することになるから、いかに鮮度を保つかが課題になる。当然輸送費が高くつく。品質の良い日本産農産物とはいえ、価格がべらぼうに高くては、海外市場で一定のシェアを確保することはできない。これまでは、日本の産地の代表者が現地に出向き、展示即売会といったイベントを打ち、「完売した」とか「評判が良かった」と言って帰って来ることが多かった。それでは自己満足に過ぎず、恒常的な輸出につながらない。

そもそも輸出には、検疫、関税などさまざまな手続きが必要になる。煩雑な手続きを外国語でこなせる農業者は少ない。手続きや輸送など輸出インフラを行政が支援する仕組みを構築する必要がある。海外市場ではどのような農産物を求めているのかという情報を輸出業者から仕入れ、そうした需要にこたえた品質の農産物の生産に専念できるようにするのが理想だ。すでに成田空港や中部空港、那覇空港に近い場所で、農産物の輸出拠点づくりが進んでいる。多くの農業者にとって、輸出が身近に感じられるような仕組みづくりが急がれる。

　幸いにも、わが国は経済発展の著しいアジアに位置している。中国、韓国、台湾はもちろん、東南アジア、インドにわが国の高品質な農産物を求める市場が、今後どんどん拡大しようとしている。日本農業が成長産業化する条件が用意されているのである。

　第二の条件は生産性の向上である。輸出を視野に入れれば、農産物の価格競争力を高めなければならない。それには農業の生産性の向上に、これまでとは一歩どころか数歩踏み込む取り組みが求められる。わが国の九州ほどの面積しかないのに、農産物輸出額で米国に次いで世界第二位のオランダの農業との比較が、よく引き合いに出される。

　施設園芸大国であるオランダは、一平方メートル当たり六〇キログラム、合わせて八〇万トンのトマトを生産している。一方の日本は、一平方メートル当たり二〇キログラム、合わせて七〇万トンのトマトを生産している。オランダの方が単位面積当たり三倍も生産量が多い。品種改良と生産のコンピューター管理が進んでいるためで、キュウリやパプリカでも単位面積当たりの収量の増加は著しい。生産物は欧州各国に輸出している。

　オランダは、作物の生育に欠かせない光、二酸化炭素、湿度、温度など施設内の環境をコントロールする制御システムを開発して生産性を上げた。しかもトマト、キュウリ、パプリカに特化し、栽培施設の大規模化にも成功した。農業へのＩＴ（コンピューターを活用した情報技術）の導入は、日本でもできる。他産業のノウハウを導入して農業を知識集約産業に変えていくのは、むしろ日本の得意技である。「農地面積が狭いから規模拡大ができない」などという言い訳は、オランダでできているのだから、通用しない。

わが国農業には、オランダにはない優位性がある。アジアの人たちが主食とするコメの生産でトップに立てるからである。残念なことに、四〇数年もの長きにわたってコメの生産調整（減反）が実施されてきた。食味など品質の向上のための技術は進んだが、増収技術は忘れ去られてしまった。単位面積当たりの収量は、生産性の向上や生産者の収益に直接響く。生産調整を一刻も早くやめ、増収技術の向上や生産性の向上に取り組めば、コメはわが国の農産物輸出の柱に育てることができる。日本農業の成長産業化を阻んでいるのは、実は農政なのである。日本産農産物の需要を広げるため海外市場にも目を向け、わが国得意の稲作では減反を廃止し、世界市場を席巻する意気込みが農政に求められている。

大規模稲作経営層に農業の妙味

一方、個別経営の観点から見ると、日本農業は収益機会の多い産業ととらえることができる。「規制産業にこそ、ビジネスチャンスが転がっている」と言われることがある。行政による規制によって様々なコストがかかる産業には新規参入がしにくい。その代り、規制の網を逃れて参入できれば、新しいビジネスモデルを確立することができる。寡占状態にある携帯電話業界に参入したヤフー・ジャパン（ワイモバイル）や、ＡＴＭを活用する金融業務に進出したセブン＆アイ（セブン銀行）などである。

日本農業はどうだろう。小規模零細経営の多い日本農業では、昔から小規模農家を保護する政策がとられてきた。基幹的作物である稲作（コメ）がその典型である。生産者の手にするコメ代金は、「小規模農家の所得を維持する」名目で、価格が高止まりする政策がとられてきた。国が生産者米価を決めてきた食管法時代はもちろん、その後も行政による生産調整（減反）の推進でコメ価格の下落を防いできた。また、大規模経営が増えてしまえば小規模農家がやっていけなくなることから、企業的経営の参入を規制してきた。農地法による企業の農地取得の制限もそのひとつである。農産物の流通で、圧倒的な力を握っている農協が個別農家の直接販売を、陰になり日なたになり制約してきたことも事実上の規制になってきた。

行政や農協による市場への介入や規制は、収益性の高いビジネス機会を提供する皮肉な結果をもたらしている。たとえばコメ。一俵（六〇キログラム）当たりの生産費は、経営規模による差が極めて大きい。〇・五ヘクタル未満層の小規模経営では約二万五六〇〇円だが、一五ヘクタル以上の大規模層では半分以下の約一万一四〇〇円である。コメの価格は現在では市場の需給関係が反映されるようになったとはいえ、政府や農協はなお小規模経営に配慮した価格に誘導しようとするから、大規模経営層にとってコメの価格は、相対的に有利な作物となっている。稲作農業は妙味があるのである。

個別経営の視点で見れば成長の余地

農産物の販売・流通分野における農協の独占的存在が、農協を利用しないアウトサイダー農家に高い収益機会を生み出していることも皮肉な現象である。圧倒的に多数の農家は、コメや野菜などの農産物を農協に出荷する。農協は農家から預かった農産物を卸売市場に運び、そこでセリなどにかけて販売する。市場での取引には姿や形の規格があり、それに合ったもの以外は受け付けられない。複数の農家から出荷された農産物は同じ品物として値決めされ、後に出荷数量に応じて代金が配分される。いわゆる共同選果・共同出荷・共同計算である。

だから、たとえば農薬や化学肥料の使用を使わない有機農産物であっても、そのことを評価した値付けは期待できない。有機農産物を生産している農家は、農協を通した販売ルートではなく、みずから農産物の特性を訴えて実需家に売り歩かなければならない。手間や代金回収のリスクが伴うものの、販売先を確保した場合には、高い収益を確保できる。

コメや野菜などの農産物や、肉牛、養豚、鶏卵などの畜産物で、他の生産者とは一味違った方法で生産している農業経営者の中には、直接販売で高い収益を上げている農業経営者が少なくない。農協に出荷するのではなく、商談会などでみずから実需家を探したり、インタネットを活用して消費者に直接販売したりしたほうが、収益率が高いからである。

また農協が農産物販売を一手に引き受けてくれているので、一般の農業生産者はマーケティングの必要性を感じない。作物を栽培したり家畜を飼育したり生産に特化していればいい。しかしながら、農協の傘の下から抜け出し、みずからブランディングしたり直売システムをつくったりすれば、農産物販売のリスクを農家自身が負うことになる半面、大きな収益が期待できる。個別経営の視点で見れば、日本農業は成長の余地の大きな産業ということができる。

（むらた・やすお　元・朝日新聞編集委員）

TPPと農業の成長産業論

TPP政府対策本部首席交渉官代理　大江　博

皆さん、今晩は。ご紹介にあずかりました、大江でございます。こんなタイミングになるとは、講演をお引き受けしたときには思ってもみませんでした。毎日、テレビなどで国会の審議を見ていて、感じることも多いので、成長産業化に必ずしも直接にはつながらないかも知れませんが、感想をお話しておこうと思います。

今国会で、TPPの協定を承認していただきたいという話を進めてきましたが、正式な判断は来週におこなわれることになると思われます。しかし、新聞等の報道によると、雲行きが怪しくなってきているようです。

私個人としては、それは、非常に残念なことだと思います。国会の審議を見ていると、アメリカの動きがはっきりしない中で、拙速に承認する必要はないのではないかという声があるようですが、野党がそういうのは不思議です。今国会ではなくても、次の臨時国会でも間に合う、TPPの発効というタイミングを考えればその必要はないという意見も聞かれます。しかし、今盛んに出ている、アメリカ議会のステイクホルダーから出ている再交渉に関する要求との関係では、今国会で日本が承認する意味には非常に大きいものがあると思っています。

ちょうど一ヵ月位前、ワシントンでのパネルディスカッションに出席した際、オーストラリア大使館の知り合いが、日本がTPP交渉に参加したことで、非常に助かったと言っていました。アメリカとFTAを結んでいるオーストラリアは、交渉妥結後のすべての場面で実質的な再交渉を求められ、それに抗しきれませんでした。オーストラリアでさえ、そういう状況だったのです。

アメリカは韓国とは再交渉をしていますし、NAFTAでも、アメリカは、実質的な再交渉を要求しました。ペルーとの間でも同様です。ところが今回のTPPでは、様相が異なると多くの人が言っています。それは、日本が参加しているからだというのです。日本が参加していなければ、アメリカは合意内容に関して追加的な要求を出してくるに違いないと、彼らは言います。

それに対して、日本の安倍総理は、再交渉は有り得ないと言い続けてきていますので、アメリカもTPPについては、再交渉の余地がないことは認識しているようなのです。ワシントンでのパネルディスカッションの司会者を務めていたアメリカのカトラー女史でさえ、この交渉は、今までアメリカがやってきた交渉とは違うので、再交渉は期待できないと公言していました。ただし、アメリカ議会や関係者の中には、依然として実質再交渉への期待感があるとも言っていました。

現在、合意をしたほかの国も、国内手続きに入っており、多くの国は、一日でも早くという姿勢で進めているものの、アメリカを横目で見て及び腰になっている国もあります。そうした空気の中で、日本が早く明確なメッセージを発信することが非常に重要だと思います。いずれにしても、再交渉の余地はないということは、明確にしていかなければならないと考えます。

途中で席を立つようなタフな交渉

また、交渉の記録の有無が取りざたされていますが、われわれの感覚では、そのような交渉の記録はつくっているわけがないというのが実感です。確かに、首脳会談や外相会談といった複数対複数の会議では必ず記録を作成します。それは、情報を共有するために必要だからです。もうひとつは、記録は上司に報告するために作成するものであり、課長レベルの会合の多くは記録を作成します。それは、局長以上に報告するためです。私とカトラーとの話し合いは、途中からはほとんど怒鳴り合いに近いものですので、それをいちいち記録をとってもほとんど意味はありません。そういうところは、なかなか一般の皆さんには理解していただけない部分だと思います。

また、今回の交渉では、非常にリークに気を遣いました。保秘契約があろうがなかろうが、交渉の内容や経過は外部に漏らさないものです。私は、今回の交渉は上手くできたと自負しておりますが、例えば、交渉に関する私の具体的な発言が途中で報道されたとしましょう。そうすれば、不利な条件を飲まされたと思う相手国での国内手続きに支障をきたすことは間違いありません。今回は、日本は、同時にEUとの交渉もしていますので、手の内をさらすようなことはなおさら出来ません。交渉を担当する者の立場からすると、記録を作成して配布すると、どこでリークされるか分からず、それが怖いというのも本音です。

そうは言っても、決して勝手に交渉をしていたわけではなく、例えば、甘利大臣とはほぼ毎日大臣室で報告をし、相談していましたから、記録したペーパーよりはよほど密に情報を共有していたと思います。情報の開示をまったくしなかったことで、交渉が十分だったのか、あるいは交渉過程で、国会決議はどう扱われたのかということが問題になっています。

今回の交渉は、本当にタフなものでした。甘利大臣もそうですが、私はほぼ毎回、途中で席を立つような交渉が続きました。メディアで、私とカトラー女史が笑顔で握手している映像が流れたこともよくありますが、他の国々の手前、交渉の席の外では和やかな雰囲気を見せることで、他の国々に交渉を促進させる気にさせようと、お互いに示し合わせて、そう見せていただけに過ぎません。

日本は、二〇一三年二月の日米共同声明で、「お互いのセンシティビティを認識する」ことと、「一方的に、全ての関税を撤廃することを、あらかじめ約束することを求めない」ことを約束して、T

ＰＰの交渉に入りました。しかし、決して「全ての関税は、必ずしも撤廃しなくてもよい」ということが約束されたわけではなく、交渉の結果として、関税が残ることも排除しない、という意味に過ぎないのです。また、それは日米間の紳士協定でしかなく、他の国にとっては関係のないことです。

このようにして、交渉というものは始まっていくのです。もちろんわれわれは、国会決議を前面に出して交渉をしましたが、まったく手つかずで決着することは、はじめから無理だったと思っていました。ただ、当初考えられた状況に比べれば、だいぶ守れたのではないかと思っております。当初、交渉に入るときは、ＴＰＰの影響は、即時関税撤廃を前提に試算されていましたが、それはＴＰＰの影響として、当時はそれなりに現実味があったからなのでしょう。私自身、交渉の決裂を予想した瞬間が何度もありましたが、やっと今日の段階までできたわけです。

攻めの農業でなければならない理由

私自身は、五品目について、無傷で交渉を終えることは不可能だったと思いますが、逆に、無傷だったらどうなるのでしょうか。そうであれば、五品目に対する国内対策の必要はなくなります。ＴＰＰという存在を考えなくても、今の農業が、このままで良いとは思えません。今回、コメに関しては対アメリカで一三年目以降七万トン、対オーストラリア八四〇〇トンの輸入枠で、やっと合意を見ました。一方、日本人のコメ消費は、毎年八万トンずつ減少してきています。交渉で、さらに一定以上の譲歩をしてしまうと、日本の農業にとって大きな悪影響が出ますので、それはどうしても避けなければなりません。それだけに私も、この交渉では、日本の農業を守るためにいろいろと頑張りました。

しかし同時に、このTPPを上手く利用して、日本の農業を強くするきっかけになればと考えてきました。私は、日本の農産物については誰よりも愛好しています。私のように、人生のかなりの部分を海外で生活している者から見ると、日本の農産物がいちばん安全で美味しいことを誰よりも自覚できます。

守るだけで存続していけるのであれば、徹底的に保護すればいいのですが、コメのように、保護するだけでは自滅してしまう物は、別の手段を考えるべきです。その場合、「攻撃は最大の防御」であり、攻めの農業でなければなりません。私は、パキスタンの大使から突然TPP担当にと言われて、急遽帰国しました。なぜ私が担当することになったかと言うと、おそらく日本が、EPAを始めたときから関与していたからではないかと思います。シンガポール、タイ、ベトナムなどとのEPA交渉に携わった経験があります。タイは、在留邦人も多く、日本人観光客も訪れます。タイの人は日本の料理が大好きで、海外では珍しく、レストランで日本食が日本国内の半分程度の料金で食べられます。

しかし、酒類には七〇%近い関税がかかっていたため、値段は日本の三倍くらいしていました。

当時、日本国内の日本酒の消費量は減少の一途でしたが、タイの日本酒の関税を撤廃すれば、日本からの輸出が増えるのではないかと提案しましたが、関税局は首を縦には振りませんでした。なぜかと言うと、タイに日本酒の関税撤廃を求めると、日本にも、関税の撤廃を求められるからだと言います。攻めると攻められるから、基本的に攻めない姿勢だったのです。国全体にそういう発想があったように思います。

海外進出にはニッチな市場が重要

日本人にお米をもっと食べるように言っても、これからはそうはならないでしょう。従って、攻めるという発想をしなければならない。幸い、安倍内閣では攻める発想が出てきています。牛肉に関しては、アメリカからの輸入枠を拡げ、一五年後には完全撤廃としました。実はこの交渉は、それほど難しかったわけではありませんでした。

当初は農水省も、攻めると攻められるという旧来の考え方でしたが、牛肉に関しては、日本からの輸出枠を取り払うことで輸出は増えていくと考えました。ＴＰＰが発効すれば、初年度からの、無関税の輸出枠がかなり大きいため、アメリカの牛肉の関税は、即、実質的にゼロになると等しいほどの効果が出ると思われます。アメリカの和牛ステーキには、必ずしも関税だけでは説明できないほどの高価格がついていますが、やがて落ち着いていけば、日本の農業の救世主になりうると思っています。ただ残念なことに、東南アジアなどでは、オーストラリア産の牛肉が「和牛」ブランドで販売されているのも見受けられます。皮肉なことに、オーストラリアとアメリカのおかげで、「和牛」は世界ブランドになりました。

日本人には、想像できないくらいの金持ちが世界の国々にはいます。一方、日本ほど金持ちのいない国はありません。ある意味で、最も平等な国の一つだと思います。海外のお金持ちというのは、桁が違います。日本とアメリカの一人当たりのGDPを見ると、為替にもよりますが、そんなに大きな差があるわけではありません。しかし所得上位一％の所得は、アメリカは日本の一〇倍以上です。

また、基本的に途上国の多くには、相続税がありませんので、いったん金持ちになれば、子々孫々まで、何も仕事をしなくても豊かに暮らしていけます。日本国内では、少し値段が高いだけで、消費が落ち込んでしまいますが、海外では、価格は問わず、高品質な商品へのニーズは、日本とは比べようがないほど多くあります。例えば、タイで青森産のリンゴの展示販売をすれば、すぐに売り切れます。従って、一つ一つの市場の大きさは小さくても、全体として見れば、そういったニッチな市場は重要になります。高級肉としての「和牛」は、まだまだ有望な日本の産物であり続けるでしょう。

中国人が、日本に来て電気炊飯器を爆買いする姿がよくニュースに取り上げられます。アメリカでのコメは、どちらかと言えば野菜の意味合いですので、付け合わせとしての消費でしかありません。一方、中国の人は、コメの味に対して非常に敏感なので、現在のところ、カツオブシムシの問題で日本から中国への米の輸出は規制がかかっていますが、本気で中国に輸出できるようになれば、消費人口が大きいだけに、非常に有望な市場となります。牛肉は、中国への輸出は日本もアメリカも出来ていませんが、オーストラリアだけが中国に輸出できるようになっている状態です。

従って、日豪EPAでオーストラリアからの牛肉輸入が増えなくても、オーストラリアはまったく問題にしていません。むしろ日本は、中国に買い負けしている状況です。中国が、アメリカや日本からも輸入するようになると、牛肉の貿易の構造はまったく変わってくると思います。他方、日本の牛肉はオーストラリアに輸出できない状況にもあります。これも、攻めるために本気で取り組めば、市場開拓の可能性は十分にあると思います。

今回のTPP交渉で、無傷ではすまないということが認識されたがゆえに、攻めの農業の発想がより鮮明に出てきているのではないでしょうか。それだけに、早くTPPが発効してほしいところですが、それを待つまでもなく、国内に、その気運がたくさん出てきています。例えば、生鮮食品ではいろいろな試みがすでに始まっています。

輸出については、一兆円を目指して取り組んでいますが、五年後、一〇年後にさらに五兆円、一〇兆円に拡大するのも夢ではないと思います。これまで輸出の花形として、日本経済を牽引してきた自動車産業を筆頭にした製造業は、今後現地生産が進みます。アメリカ国内で走っている自動車の七割は、既に、現地生産車です。今後、輸出に占める農業の位置は大きくなり、将来、日本の輸出産業が自動車から農業へ変わることもありえます。

各国はＦＴＡに突き進んでいる

今回のＴＰＰによって、勝ち取ったものについての評価は分かれるところかも知れませんが、日本が、参加していなかったらどうなっていたでしょうか。より多くのものを守り、または、獲得できたかと問われれば、誰が交渉しても、今回以上の結果は得られなかったでしょう。では途中で、離脱していたらどうだったのでしょうか。その場合、永遠にＴＰＰに参加しないか、後から参加するかしか選択肢はありません。私はどちらも、日本にとって賢明ではないと思っています。

ＷＴＯが進展しない中で、各国がＦＴＡに突き進んでいる状況下で、ＴＰＰの大筋合意後、タイ、フィリピン、インドネシア、台湾、韓国と急に各国が強い関心を表明していますが、後から参加することは当然不利になります。例えば、タイはベトナムの参加したＴＰＰが大筋合意下のを見て、強い関心を示しました。なぜならタイは、日本企業のタイからベトナムへのシフト加速を怖れたのです。そうして、雪崩式に各国が次々と強い関心を表明するようになりました。いずれ中国も参加してくるかもしれません。参加するのであれば、明らかに最初から入っているほうが有利ですので、日本は当初から参加していたからこそ、ここまで農業を守れたのだと思います。日本が参加しているという付加価値が認められ、他の国に比べれば例外が非常に多いにもかかわらず、合意してもらえたという意味合いが強いと思います。

米韓ＦＴＡで、韓国はコメを除外させたのに、日本はそれが出来なかったとよく批判されます。しかし韓国は、アメリカとのＦＴＡの中で、他のすべての品目を完全撤廃させられました。韓国にとって牛肉も重要な品目ですが、そのセーフガードは、ＴＰＰで日本がつけたセーフガードと異なり、実質的セーフガードの意味がないほどの、高いトリガーの水準になっています。日本がＴＰＰで合意したセーフガード発動のトリガーレベルは、対象国からの輸入の実績をベースにしますが、米韓の場合、全世界からの輸入量がベースになったものを強いられました。われわれから見れば、屈辱的ともいえる内容の協定です。

また、ＴＰＰの交渉を通じて、アメリカ以外の国々の多くが、日本を頼りにしてきたのも事実です。その意味では、全体として、バランスのとれた協定になったと評価されています。それだからこそ、日本とアメリカ二国間の合意についても、各国が理解を示しました。いずれにしても、農産品が大きなテーマでしたので、農林水産省と一体となって、交渉を進めてきました。

農業産業化というテーマとは少しかけ離れましたが、昨今のＴＰＰに関係したお話をさせていただきました。

ありがとうございました。

（おおえ　ひろし）

〈質　疑〉

――交渉の記録は、リスクばかりでメリットがないのでつくらないとおっしゃいましたが、一〇年後あるいはもっと後になって、国民が検証するうえで、その内容を知るのは国民の当然の権利だと思います。そういった視点からみると、メリットがないという考えには違和感を持ちますが、いかがでしょうか。

大江　その意見にはまったく同感です。従って、交渉をしているときには記録をとってはいなくても、個人的に、終わってからメモをとっている方もいます。しかし、それは国会で議論されているような行政文書ではなくて、あくまで個人メモに過ぎません。そうは言っても、こうした交渉の経過を誰も知らなくなってしまうのは好ましくないと思いますので、広く伝えたいという気持ちも持っています。ようやく一段落したので、将来、書き物をするために記録メモの整理を始めているところでした。私は、特に今回の交渉については、今後の種々の交渉の参考になると思うので、その交渉戦略を含めて、何らかの形で後世に残したいと思っています。

―― 日本が最初から参加していなかったら、各国ともっと厳しい結果になっていただろう、というお話だったと思います。しかし、農業分野で見ると、どの国も、決して満足できるような内容ではないように思われます。どうも、アメリカの要求を押し通すための交渉であったように感じられてなりません。

大江 日本がいなかったらもっと厳しくなっていただろうというのは、確かに、農業分野についてではありません。農業については、基本的にはどの国も全ての関税撤廃ということを前提に交渉を始めましたが、ルール分野については、どの国もある程度の犠牲を払っています。従って、私が、日本が入っていて良かったというのは、特にルール分野のことです。ルール分野については、アメリカ対他の各国という構図があり、日本が盾にならなければ、多くの国はアメリカに有利なように押し切られてしまいます。例えば、中南米諸国とアメリカのFTAでは、アメリカの国内ルールを、そのまま協定に書かれるといったことも強引にされたようです。日本が参加したために、比較的バランスのとれたルール形成が出来たのではないでしょうか。

しかし、交渉である以上、どの国も、必ず一定程度は譲歩させられます。そんな交渉には、各国とも参加しなければ良いのではないかと考えられるかもしれませんが、ＷＴＯが機能していない状況で、ＴＰＰのような枠組みの外にいることは出来ない、と各国とも感じているわけです。中国ですら、周囲の国々が参加していけば、いずれ参加することを検討せざるをえなくなるだろうと思います。そうした世界の流れの中にいるという意識が各国にあるのです。一方、ＴＰＰに入るメリットは何かと言うと、原産地規則など域外に対して有利な展開を可能にするような枠組みがいくつもあるわけです。各国とも個別分野でなかなか譲歩できない部分が当然ありますが、全体のメリットがそれを上回ると判断して参加しているのです。例えばマレーシアは、国営企業に関して譲歩せざるを得なくなって、交渉から離脱する直前までいきましたが、やはり最終的には、参加の判断をしました。ベトナムが一〇〇％関税撤廃をすると言ったときには、われわれも驚きましたが、それをベトナムが表明した時点で、すでに日本企業の進出が拡大を見せていました。そのように、各国とも参加のメリットを捉えているのだと思います。

――ＷＴＯが機能していない状況で、ＴＰＰへの期待も大きくなっているようですが、それも止むを得ないのでしょうか。

大江　一九九九年シアトルでのＷＴＯ閣僚会合以降、ＷＴＯは実質的に進捗していない状況が続いています。加盟国が多くなり、残された問題も難しいものばかりという状況です。

日本がＥＰＡに取り組み始めたのが、まさに二〇〇〇年のシンガポールでした。シンガポールは農業分野にあまり関心が無く、その意味では始めやすかったのだと思います。それまで日本はＷＴＯを中心にしてやってきていましたので、シンガポールとＥＰＡを始めるにあたっては、外務省内でも賛否両論がありました。

もっとも当時、韓国を除いた世界のほとんどの国はすべてＦＴＡに動いていました。ＷＴＯが進まないと、そこで貿易のルール形成が出来なくなります。一方で、ＦＴＡが次から次へと締結されて、そこで新たなルール形成の基盤が出来ています。そうした、新たなルール形成のネットワークの中で、ＷＴＯで決められていないルールに関しても一定の相場観が出来てくると、それが基礎となって、将来、ＷＴＯが再始動する時のベースになるというわけです。進みつつあるＦＴＡ戦略に入っていかないと、貿易ルール形成から疎外されてしまうことになる。シンガポールはもともと関税が低い国でしたから、関税という点だけを考えれば、日本がＥＰＡを結ぶことの実益はほとんどありませんでした。

しかし、日本がこれから国際的な貿易のルール形成に関与していくためには、水準の高いＥＰＡを結ぶ必要がありますし、それが、他のＡＳＥＡＮ諸国とのＥＰＡ交渉の足場にもなるということで、シンガポールとのＥＰＡ交渉を始めたのです。ＦＴＡのネットワークという観点からは、いくつもある個別のＦＴＡよりも、参加国の多いメガＦＴＡは圧倒的に重要です。その意味で、ＴＰＰはこれまでのＦＴＡの中で最重要なものです。世界のＧＤＰの四割をカバーしており、さらに中国が参加してくれれば六割、さらにインドが入ってくれば、世界のかなりの部分をカバーしたＦＴＡとなります。そうして、ＴＰＰとＥＵが参加したグループで世界の貿易の大宗をカバーしていくことが、実はＷＴＯ再生の道だろうと思っています。ＷＴＯとＦＴＡはもともと緊張関係にありますが、その意味では、ＴＰＰがＷＴＯを甦らせる唯一のカギではないかと考えています。

――お話をうかがっていると、ＴＰＰを契機にして攻めの農業を展開すべきだと考えて交渉に臨まれてきておられるようですが、農水省も同じように考えていたのでしょうか。どちらかと言えば、国内対策で何とか外圧をかわしていこうとしているように見えるのですが。

大江　農水省と一口に言っても、省内で、かなり温度差があると思います。農水省の中にも、攻めの農業という考えに非常に警戒感を示す人も未だにいます。ただ、タイとのＥＰＡ交渉をしていた頃の農水省と比べれば、全体としては、発想の転換がだいぶ進んできているとは思います。

評価というものには賛否があって、今回の交渉結果についても、十分守れなかったのではないかという評価と、もう一つはもっと撤廃すべきだったというものです。

確かに、攻めの農業のみを考えれば、守り過ぎだという意見もあるかもしれません。そうした論者にとっては、今回、国家貿易などの制度をすべて温存したことが批判の対象になるのでしょう。しかし、病気を治すために強い薬を使っても、そのために病人が死んでしまってはいけないと思います。特に、日本の社会は急激な変化には弱いので、まずは攻めの農業という最終的な目標に向かう方向を明確にすることから始めるべきでしょう。ただし、規模拡大・高効率だけではなく、条件の不利な地域での農業も見ていかなければならない。そのバランスが政策判断になると思います。

――TPPに関しての、他の国での審議状況と今後の見通しはいかがでしょうか。

大江　最終的に国内の議会を通過するかどうかということについては、アメリカ以外は問題ないと思います。アメリカの動きを見ているカナダなど、他の国はタイミングの問題だけではないでしょうか。アメリカについては、いつかは議会を通るだろうと思っています。それが何時かということになると、かなり心配ではあります。今年の夏、レイム・ダックセッション、次の大統領という三つのシナリオをアメリカはもっていました。実現しなかった今夏のシナリオは、三月一日のスーパーチューズデーに大統領選の候補者が実質的に特定された時点で根回しをして議会に上げるというものでしたが、民主・共和両党とも候補者を絞りきれずに、この案は流れました。今年中にレイム・ダックセッションを使って上げなければ来年は動きそうもないことから、第二のシナリオの可能性はそれなりに高くなってきてはいます。大統領選挙では労働組合の支持を得る必要がありますので、次の大統領に誰がなっても、そう簡単にはＴＰＰは動かないと思われます。その危機感から、レイム・ダックセッションにあげるということが真剣に検討されているのです。

そうはいっても、オバマ大統領の期間内には上げたくないという勢力は民主・共和両党に根強く、レイム・ダックセッションに上げられるかどうかも予断を許しません。オバマ大統領が今年中に通したいと思っているのは間違いありませんが、彼自身がどこまで本気で動くかどうかは疑問です。そう考えると、年内通過は、五分五分というところでしょうか。仮に、アメリカ議会を通らないことになると、中国は再び東アジア地域包括的経済連携（ＲＣＥＰ）に注力することになるでしょう。

――　攻めの農業を日本で展開していくのであれば関税率を引き下げるべきだ、という考えがあります。そう考えると、例えば、コメについて、アメリカとオーストラリアに特別枠を設定するということに、あまり意味はないように思われます。日本としては、どういう形にしていきたかったのでしょうか。

大江　本当は、関税を下げたほうが、日本のコメを守れるのではないかと個人的には思いますが、コメについて、どのような解決が可能だったかということについては、アメリカの要求というよりも、日本の国内政治によるのではないでしょうか。コメについて、もし関税を削減するということになっていれば、国内は大変なことになっていたでしょう。私は、日本のコメにとって、今回の結果がほんとうに最高の結果だったかどうかは疑問ですが、こういう結果になりました。

——農産物輸出について、五兆円、一〇兆円も夢ではないとおっしゃっていましたが、今の農業生産の現場から考えると、とても対応できないように思われます。例えば、和牛仔牛は一頭八〇万円ですが、国内消費で手一杯で、輸出余力はありません。

大江　これは、「ニワトリとタマゴ」の話のようなものではないでしょうか。仔牛の供給が不足しているという現状を放置したままでは、輸出増加どころか、和牛生産の維持すら危機になります。仔牛の供給を増やすための抜本的な対策といった根本的な部分から変えていく必要があり、それが出来れば、将来の輸出増加にもつながると思います。それは数年で出来ることではなく、かなり抜本的な政策の転換が必要になります。

——TPP交渉に入る時点で、重要五品目も無傷では有り得ないと考えていたと言われました。西川元農相が、二〇一三年の一〇月頃、五品目の中で何を関税撤廃できるか検討しなければいけないとの発言が報道されて、国内でも大きな問題になりました。それらのことを考えると、日本は最初から九五％程度を目標において、そこに合わせるように五品目を調整したとも指摘されています。本当のところはどうなんでしょうか。

大江　まず、具体的な品目についての関税が交渉になるので、各国にとって、全体として何パーセントの関税撤廃率になるかにはあまり関心はありません。日本国内での報道で関税撤廃率何パーセントと大きく取り上げられましたが、全体の数値自体での議論はありません。そうは言っても、交渉自体が一〇〇％関税撤廃という原則で始まっていますので、関係者は、五品目すべてが無傷で済むとは考えていなかったのではないでしょうか。五品目の中にも、輸入実績のほとんどない品目もありましたし、全部が全部センシティブではないというのが、現実の感覚ではなかったでしょうか。五品目全てを守らなくては、文言上、国会決議違反だという議論は、あまり実益のあるものではないと思います。ただし、厳しい国会決議を盾にして、交渉結果を勝ち取ることが出来たとは、確かに言えると思います。

――　甘利大臣が今国会でも答弁する立場にあれば、この国会で承認できたと思いますか。この国会での答弁はあまりにも官僚的である気がするのですが。今日、大江さんがお話になったようなことを言えば、国民にももう少し説得力あるものになったのではないかと思います。

大江　今国会で通ったかどうかは、熊本地震もありましたので何とも言えませんが、甘利大臣が答弁していれば、国民の印象はもっと違ったものになったかも知れません。何といっても、交渉をしてきた当事者ですから、答弁への姿勢もまた違ったものになっていたに違いありません。その意味では、残念ですね。

――協定の条文の中で、二点ほど良く理解できない部分があります。一つは、国有企業の部分で、発効六ヵ月以内に、締約国に国有企業のリストを通知することになっていて、一方では政府調達の部分で、その大半が国有企業に分類されるのではないかと思われる企業名と、その基準金額が載っています。どうして、そうした齟齬が出ているのかという疑問があります。もう一つは、シンガポールと日本だけが、付属書４に国有企業のリストを載せていません。この事情もお聞きしたいのですが。

大江　私は、ほとんど農業分野を専門に交渉していましたので、その辺のルールに関してはあまり担当していませんでしたので、詳細は把握していません。但し、国有企業、政府調達の部分は、日本としてはあまり問題となるところがなくて、そもそも、国有企業が規制されるのは商業活動と競合するような国有企業です。各国との議論でも、日本はほとんど、問題はありませんでした。TPP協定にある国有企業の部分は、将来参加するであろう中国を想定して重要視された部分ですが、参加一二か国の中でも、ベトナムをはじめマレーシア、シンガポール、ブルネイといった国では国有企業は重要な位置を占めています。ものすごく強い規制をかけているわけではありませんが、透明性を高めることに抵抗感をもつ国もまだあることも事実です。政府調達に関しても、日本はWTOの政府調達協定に入っていますから、日本は最も進んでいたと言えます。

――USTRは、アメリカ国内向けにどのような姿勢を見せているのでしょうか。USTR自体はビジネスが拡大すると言っているようですが、労働組合にはNAFTAの経験から警戒感があるのではないでしょうか。TPPによって、アメリカ国内の雇用は変化すると考えられるのでしょうか。

大江　いろいろ試算はあるようですが、私は、TPPやFTAによるアメリカにおける雇用への影響は、実体的にはあまりないと思っています。日本のように高い関税等の障壁のある農産品をもつ国は別として、今や関税等が貿易に与える影響はそう大きくはなくなってきています。また、すでにNAFTAがありますから、アメリカにとって、TPPで雇用が大きく変わることはないと思っています。厳密に言えば、雇用については減る部分と増える部分の両方があります。アメリカの場合、貿易のかなりの部分がカナダとメキシコとの間のものですから、TPPに入ったからといってあまり変わりません。TPPにアメリカが参加するということは、アジア太平洋の貿易ルール形成をアメリカが主導するという政治的な意味が大きいと思います。オバマ大統領もそういう方向のプレゼンテーションを盛んにし始めています。

今回のTPPでは、制度そのものは守られたので、日本にとって、経済的なダメージはそう大きくはないと思っています。むしろ、TPPで大変だという世の中の雰囲気を逆に上手く利用して、農業の強化をしていくべきだと考えます。今は、試算が一人歩きしている感じがしています。

――アメリカの業界のロビー活動と、日本のそれとの違いはあるのでしょうか。

大江　日本では、そもそも議員の斡旋、つまりロビー活動は禁じられています。ところがアメリカ人の発想は、ロビー活動をするのが議員、ということになります。アメリカでは業界が議員のところに来て、議員はその業界の声を受けて、各方面に働きかけます。それが議員の仕事だと思っているので、当たり前です。それに比べると、日本の場合は、業界との関係が曖昧になっています。アメリカでは、どの議員がどの業界の陳情を受けて、何を要求しているかが極めて明快です。従って、ロビー活動が強い弱いという差ではなくて、そうした活動に関する制度の違いがあるのではないでしょうか。

ただ、交渉力という観点で見ると、逆にアメリカのような状況においては、行政府に交渉力がなくなっていると言えるかもしれません。つまり、業界団体の力が背景にあることでものが言えるということは、交渉者の持つ権限が弱くなっている、ということでもあるからです。ある意味では、行政府自体の政策の幅を狭めていることになっていると思います。

（二〇一六・四・二一）

■大江博氏は、現在ＯＥＣＤ特命全権大使としてフランス・パリに赴任しています。

「農政新時代」の日本農業の成長産業化について

自由民主党農林部会長／衆議院議員　小泉　進次郎

皆さん、今晩は。農政ジャーナリストの会にお招きをいただき、ありがとうございます。今日は、攻めの農政についてお話しし、皆さんからのご指導もいただきながら、今、私が務めている農林部会長の仕事をご理解いただければと思います。よろしくお願いします。農業のプロの記者の皆さんに、おそらくこの中で一番農業を知らないであろう私の話を聞いていただきたいと思います。

ところで、これまで歴代の部会長がここで話をしてきているようですが、この中で、私が部会長になると予想した人がいるでしょうか。私も、まったく予想していなくて、農林部会長となって、三週間でＴＰＰ対策をとりまとめよと言われたときには、途方に暮れました。今まで農林分野に深く関わってきた政治家であれば、手のつけ方がすぐに分かったでしょう。

しかし私の地元の三浦半島は、米はほとんどなくて、農業と言えば、キャベツや大根、観光果樹園などです。そうした農業が農林部会の主役になることはあまりなく、二〇〇九年に初当選したとき、農林部会の加藤紘一先生から、君の地元に農業はあったのかと言われたくらいでした。やはり、農林部会ではコメが主役でした。

先生は、「すべての農家を守ろうとして、すべての農家を守れなかった」ともおっしゃったそうです。その話を聞いて、私がやろうとしていることも同じだと思いました。自分の足で立っていける人もたくさんいるのにもかかわらず、それまでの農政では、農家を弱者と位置づけ、その弱者を守らなければいけないという考え方が基本にありました。私は、これが衰退の一つの要因であろうと思っています。

TPP対策をつくるにあたって、まず自分の限界に突き当たりました。農業の世界は専門性が高く奥深い世界でした。例えば、畦畔があぜ道のことだというのも解りませんでしたし、TMRセンターが何かも知りませんでした。そうした自分が部会長としてTPP対策を取りまとめるに際して、三週間で農政のすべてを理解するのは不可能だと感じました。そこで、すべてを理解することは諦め、金額ありきにせず、一度で終わらせることのない、TPPだけでなく、永年手をつけられずにきた中長期の農政の課題解決に取り組むことに集中しようと思いました。この三つが、そのときの私に出来ることだと思って、取りまとめをおこないました。

全国キャラバンをおこない、現場にどんな声があるのかを聞き回りました。そこで、最も感銘を受けたのが、「私たちは、TPP対策に不安があるのではなくて、こんな短い期間でまとめられた対策の今後の方が不安だ。腰を据えて、時間がかかっても、将来の農業のために本当に何が必要なのかを考えてもらいたい」という言葉でした。兵庫県で若手を含めた農家の皆さんと意見交換をしたとき、ひとりの若い農家の方の発言でした。これが、農業骨太方針の策定につながりました。

その言葉は、私の中で渦巻いていた疑問を晴らしてくれました。TPPがあろうとなかろうと、日本農業の根本的な課題は変わらないので、それにどう対応するかを、現場は求めている。その結果、TPP対策だけではなくて、農政新時代と位置づけ、中長期の農政を考えることにつなげたのです。

根本的な問題解決に課題を見誤らない

そのような経緯の中で、農業の何が問題なのかという当たり前のことを考えていきました。もっとも、今までその答えが出ていれば、今、私が農林部会長になることもなかったでしょう。アインシュタインがこう言っています。

「もし地球を救うために一時間を与えられたなら、私は五九分間を、何が問題の定義なのかを考え、残りの一分間で、その解決策を講じるであろう」。何が問題なのかを突き詰めて考えるという、課題発見の重要性を言っているのです。課題を見誤れば、どんな取り組みをしても根本的な問題は解決しないということだと理解しています。農業の問題を考えれば考えるほど、問題はＴＰＰではないところにあると思いました。

もちろん、ＴＰＰによる影響が予想される品目や地域の方々には苦労をおかけしますから、その対策はしっかりおこなわなければならない。しかし、この二〇年間の農業に関するいろいろな指標を見ていると、ＴＰＰが仮に発効されなくても、安心する人がほんとうにいるのかは疑問です。

ウルグアイラウンド以降、二〇年間で、農業の総産出額は一一兆円から八兆円に減少し、総所得額五兆円だったものが三兆円を切るまでになっています。農家の数は減り、著しくバランスを欠いた年齢構成になって、特にコメでは平均年齢が七〇歳以上となり、持続可能性のない状況になっている。その結果、耕作放棄地が増えている。そうした傾向がいっこうに変わっていません。やらなければいけないことはたくさんありますが、そのテーマは持続可能性をしっかりと位置づけ、今までの農家＝弱者という発想からの脱却と、猫の目農政と揶揄されるように政策によって地域や農家が振り回されないようにすることです。そのために、取り組んでいることについて、呼びかける相手を明確にして、お話をしていきたいと思います。

まず、農林水産省に対してです。農水省も、そのあり方を変えなければいけません。農水省のパンフレットを見ると、最初に出てくるのが「安定供給の責務」です。しかし、安定供給の課題を掘り下げていくと、必ず食の安全保障に行き着きます。日本は人口減で胃袋が小さくなるので、当然国内需要は減っていきますが、世界を見渡せば、人口増加のため食に対するニーズは爆発的に高まります。そのとき、家畜のエサも含めた食料に対するバイイングパワーをどう保ち、強化していくかは、大きな問題になってきます。

その意味においては、「安定供給」を第一の掛け声に掲げるのは、正しいかもしれません。一方、役所の組織のあり方は、その掛け声に一致しているでしょうか。実は、今の農水省の部局の中には、「食料安全保障」そのものを担当する部局はありません。「食料安全保障室」という室があるだけです。

国と民間の役割を整理した農政の展開

私は、農業に携わらせていただいて、ほんとうにありがたい機会をいただきました。政治の中の最も大切な分野、国民を飢えることなく次世代にきちんと食をつないでいくという使命を持っている農政に携わることが出来たのは、間違いなく、私のライフワークになるだろうと思っております。それだけ大切な政策を所管する省庁の現状を見ていると、私は不安を覚えます。これから特に、日本の食を守らなければいけないときに、食料安全保障を冠する部署が、なぜ室なのか。

さらに、日本農業の将来を考えると、非常に大切になるのが、ＩＴとヒトを含めた技術力だと考えます。しかし、それを担当している部局は、農林水産技術会議事務局というところで、そこが農研機構などの研究開発を担当しているという具合です。

最近出回り始めた白いイチゴは、農研機構で作られた品種ですし、種なしで、皮ごと食べられるシャインマスカットというブドウの品種もそうです。そうしたことは、一般にほとんど知られていません。国民の税金が投入されて開発された品種にもかかわらず、それを食べてくれている消費者に、それが伝わっていないのです。それでは意味がありません。

加えて今後は、気候変動の問題に対峙していかなければいけません。そう簡単に地球温暖化が止まるとは思えないので、いつの日か、北海道はコメの適地になるでしょう。柑橘類の栽培北限も上がって行きます。そうした気候変動に打ち勝とうとしていく農家の皆さんに、われわれ政治は何をすべきかと言えば、気候変動に対応する技術力を用意することだと思います。

特に今後は、国と民間の役割をきちんと整理して、農政を展開していかなければなりません。そう考えれば、民間には出来ない中長期的な研究開発をしっかり実施することです。しかし、農水省の本流はコメであり、その法律をつくり、法律を変え、そして補助金を配ることが評価されるという旧態体質のままです。これを変えなければならない。

輸出への取り組みも変えていかなければなりません。需要が減る一方の日本だけを見るのではなく、世界のことを考えるべきです。最近、七〇〇〇億円を超え、一兆円目標を前倒しすべく、政府をあげて、輸出力強化に取り組んでいますが、農林水産物輸出に関して勉強すればするほど、日本の現状は農林水産物輸出途上国だということを感じます。今の日本には、輸出のための足腰がまったく弱い。輸出の内実を見ると、輸出額七〇〇〇億円を支えているのはホタテガイであり、その輸出額に大きく左右されています。私の地元、三浦市でも大根などを輸出しているものの赤字になっていて、出荷している農家は、それが輸出向けか国内向けかを知ることもない。そんなことで、継続的に輸出が伸びるわけがない。

ほんとうに農業の中に輸出が位置づけられるには、輸出は儲かるという実感を、農家の皆さんが持つ以外にはないと思っています。儲からなければ、誰もやりません。そう考えると、今後、戦略的に輸出を推進していく役所として、農水省でほんとうにいいのでしょうか。これまで守ることだけを考えてきて、儲けることを考えてこなかった役所で、基本的にビジネスである輸出を所管できるのだろうか。戦前、今の農水省は農商務省でしたが、今の時代はその名称がふさわしいのかもしれません。そうした問題意識があるからこそ、政府は、農水省にきちんと取り組んでもらいたいと思っているのでしょう。農業にとって不可欠な役所であるからこそ、そのあり方を考えてほしいと思います。

農業団体の役割は一円でも安く一円でも高く

そして、農業団体の皆さんへの問い掛けです。私が部会長になり、いろいろな団体の方が陳情に見えました。ＴＰＰに対する要望など様々な意見を頂戴しましたが、要望書を読まずに陳情されたのは、全中の奥野会長だけでした。私は農林部会長のときに、全中が奥野会長だったのは幸運だったと思っています。

現在、生産資材の流通構造問題に取り組んでいますが、協同組合の役割についてつくづく考えさせられます。全国を回っていて、農協の方と会うと、必ずこう問い掛けをすることにしています。一円でも安く資材を農家の方に卸し、一円でも高く農家の方が作った物を売ることが、農協の役割ではないのでしょうか、と。官邸での官民対話に奥野会長と全農の中野会長が出席されたときに、奥野会長の発言がまさにその通りでした。そういう協同組合の原点に立ち戻るのだ、とおっしゃいました。

最近、奥野会長の地元に行っていろいろ意見交換をさせていただきましたが、官邸での奥野会長の言葉がグループ内でどこまで理解されているかは、少し疑問です。しかし、確実に言えるのは、これから、農協と政治の関係が変わるということです。

農協改革について白熱した議論をしていたときは、政治対農協という対立構造の色彩が強くありましたが、最近の奥野会長の発言を見ていると、「共走」の時代に入ったと思います。私が奥野会長にお願いしたのは、利用しない人にも農協を開放してくださいということでした。農協がもつ施設や物流を共同利用に提供していただきたい。そのためにも、利用率や積載率などの情報が必要です。農協の施設のほとんどには補助金が利用されていることから、農業全般のために利活用されることが、日本農業にとっての利益になるのです。

そして、経済事業に関する改革に対しても、奥野会長はわれわれと同じ意識のもとで、ともに農政を進めていけるという感触を持たれており、期待しています。もちろん、組織の中には様々な意見もあるでしょう。そして、経済事業に関しては、全農への期待に大きいものがあります。全農は、自らの力を過小評価しているのではないかと思います。これから農産物輸出を本格的に推進していく中で、全農のもっているネットワークを大いに活用すべきです。農家の皆さんの所得が、もっと上がる可能性があるのにもかかわらず、それが出来ない、と思い込んでいるのではないかと思うことがあります。

例えば、六兆五〇〇〇億円という巨大な組織の農協が六〇億円くらいの輸出額しかありません。いくら海外に焼肉屋を出店しても、日本の農家の利益はそれほど上がらないでしょう。それらの取り組みが、これからの輸出の稼ぎ頭になり得るほどのポテンシャルを持つとは、とても思えません。今、海外での日本食人気は高く、海外には多くの日本食レストランがあります。それらのレストランに日本の農家さんが作った最高品質の食材を供給する、その方策を考えるべきです。そう考えると、全農が持っている力を、よりよい形で発揮される姿が模索されるべきだと思っています。

全国連の中で、唯一「物」を扱っているのが全農です。しかしそのあり方は、協同組合の原点に照らしたとき、それと一致するのでしょうか。「一円でも安く卸す」ということにつながっているのでしょうか。資材メーカーと真剣に交渉して、一円でも安く買って、それを農家の皆さんに卸すというあり方の方が、農家の皆さんから感謝されるのではないでしょうか。

これまで購買事業に携わっていた人材を輸出事業に回し、世界中の日本食レストランに売り込み、日本産農産物の販路を開拓すれば、新たな市場が生まれるでしょう。キッコーマンや味の素は、そうした地道な努力の末に世界的なブランドをつくり上げたのです。その意味で、日本農業の中で、大きなプレーヤーの一つとしてのＪＡグループが、これからどのような取り組みを展開していくのか、大いに注目しているところです。

自ら考える力を持ってやれる農業

農家の皆さんにも問いたい。農家の皆さんには、誇りと自信をもってほしいと思います。第一次産業ほど価値のある産業はありません。農業を守れというだけではなくて、自分たちが作らなかったら、皆な何を食べるのかと言えるのが、農家の立場です。そういう発想を持っていただけなかったことも、これまでの農政の反省点の一つだと思っています。平成三〇年には生産数量の目標配分をやめることになり、コメ農家の方の中には不安もあると思います。しかし、コメ以外の農業では、需要に応じた生産をすでにおこなってきています。

歴史に「イフ（ｉｆ）」はない、政治に「たら・れば」はないと言いますが、コメ政策のこれまでの流れを見ると、どうしても「もし」という言葉を使いたくなります。小泉政権の下で米政策改革大綱がつくられ、平成二〇年に生産数量目標配分をやめるとしました。その後、第一次安倍政権のときに参議院選挙で大敗して大綱は骨抜きになり、民主党政権で農政が一気に転換されました。自民党政権になってからは、民主党政権の農政を転換するのに必死です。一般経済では「失われた二〇年」という言葉がよく使われますが、平成二〇年におこなわれていたかもしれない減反廃止が平成三〇年になっているということは、農政が「失われた一〇年」を経験したということです。農政に携わっているものとして、責任を感じます。

農業に新しいプレーヤーを入れていく

先日、大潟村に行きました。そうした象徴的な現場には、学ぶべきことがあると感じました。大潟村の組合長は、全国最年少です。現場の皆さんと話すと、「あれだけ農政に振り回されたから、もう行政には頼らない」という信念を感じ取ることが出来ました。共済についても同じことが言えるかもしれません。災害があったとき、共済に入っていた人はいいのですが、そうでない人をどこまで救うのかが、いつも議論になります。農業は天候に左右されるとよく言われますが、どの産業にも固有のリスクが存在します。リスクをきちんと管理して農業経営が成り立つような農政に変えていきたいと思っています。

なぜ農業に、若者が見向きもしないようになってしまったのか。昭和三五年、最も農業就業人口の多い層は三〇代でした。今は七〇歳以上が、最も厚い層になっています。なぜそうなったのか。この問いを追究していくことも、農業の根本的課題を発見することにつながります。私の事務所に大学生のインターンがいますが、その大学生に農業のイメージを聞いたところ、「おじいちゃんとおばあちゃんがやっているイメージです」と言いました。さらに、就職先の選択肢になるにはどうすればいいかと問うと、「企業がやっている所なら」という返事でした。

これは、本質的なことかもしれません。若者は農業に魅力を感じていないわけではない。農業に従事したい人はたくさんいるんです。しかし、それを受け入れる環境がない。従って、法人化の流れは後押ししなければなりません。本当に持続可能性のある、経営力の強い法人を育てていかなければいけない。そうすれば、農業に就職できる時代が来て、それが学生の選択肢になります。そうしたことをしっかり進めていくためには、企業の参入を後押ししていきたいと思います。すでに農水省でベンチャーの表彰制度を始めるなど、様々な動きが出てきています。

そのように、農業に、新しいプレーヤーを入れていくことが非常に重要になってきています。そこで重要なのは、国の施策に関する情報や地方自治体の農業への支援の情報が、農協組合員以外の農家の皆さんにも的確に伝わるような発信のあり方を考えることです。

最後に、消費者の皆さんにもメッセージを伝えたいと思います。ＴＰＰの対策の中に、消費者の日々の選択が日本の食と農林水産業の未来を支える、という表現を入れました。日本の農業が、単に生産した物を供給するという時代から、需要に応じた生産、つまりマーケット・インの時代に変わろうとしています。その中で、消費者の皆さんの持つ大きな力を考えると、原料原産地表示の取り組みは大きな一歩になると考えます。この度すべての加工食品が原料原産地表示の対象となるよう、自民党の案をまとめました。今は、私たちの食べている加工食品の二割しか原料原産地表示がされていません。義務づけられている二二食品群と四品目の根拠はよく分からないのです。

今回、本気でこの問題に着手しなければ、原料原産地表示は依然として限られた食品群にしか認められなかったのではないかと思います。今回の検討では、まずすべての食品を対象にすることから始めるという、手法の大転換をおこないました。当初は大きな抵抗も予想されましたが、最終的に党内からの異論はありませんでした。皆がタブー視していたものの、実はタブーではなかったのです。農政の世界には同じようなことが他にもたくさんあるのではないか。本当は皆な分かっているのに、それがなかなか言えない。それを言うのはあまりものを知らない人間の方がいいだろうということで、私が農林部会長になったのではないかとも思っています。

（こいずみ　しんじろう）

〈質　疑〉

――平成三〇年に生産調整をやめる方向で動いていますが、問題はコメの価格をどう考えればいいかだと思います。現在の農水省の政策では、一定の価格水準を維持しようという考え方ですが、他方で輸出を視野に入れると、もっと安くしなければいけない。これは矛盾した政策に見えるのですが、農林部会長としてはどうお考えでしょうか。

小泉　コメの価格はどのように決まっているのでしょうか。あるいは、概算金の根拠はどこにあるのでしょうか。東北地方のある小さな農協の組合長が、私にコメの価格が戻るようにしてくれと言ったのですが、概算金を決めるのは国ではありませんので、コメの買い取り価格を上げたいのなら、農協の上部組織に掛け合うべきです。また、お金がないから補助金をくれと言いますが、農林中金の内部留保は一兆五〇〇〇億円です。組合員の皆さんから九六兆三〇〇〇億円を集めて、リーマンショックでさらに二兆円を吸い上げました。自分たちの組織にメガバンクがあるんです。私は、基本的に価格に国が関わらなくてもいいようにしなくてはいけないと思っています。農政に携わって、最初に年末の砂糖と乳価などの価格決定のプロセスに関わりました。物の価格に国や政治が関わるのは、極力ない方が良い。

輸出の観点から見ると、最も可能性の高い品目の一つがコメです。貿易に関わる保険やコールドチェーンの確立など、輸入の推進には多くの課題がありますが、その点コメは有利です。特に一億三〇〇〇万トンのコメを生産・消費する中国は大きなチャンスになります。平成三〇年に予定されている生産数量目標配分の廃止は、必ず成し遂げられなければなりません。国の関与を一部残したいという人もいますが、決して残してはならない。農政、特にコメの政策では、もう巻き戻しは許されないと思います。

――エサ米の扱いはどうされますか。

小泉 エサ米については、平成三七年度までの目標を目指して取り組んでいる最中ですが、どんなあり方が持続可能かは難しいところです。いわばガラス細工のようなものです。ただし、コストを下げなければいけないことははっきりしています。コメ政策や土地改良、生産資材についても同じですが、農業の分野ではコスト意識が低いままでした。コスト意識をしっかりと根付かせなければいけません。耕畜連携などエサ米を核として、良い循環が生まれる可能性もありますので、その持続可能性を成し遂げる財政負担のあり方を考えなければならない。しかし、コメの生産調整が失われた一〇年を経験したように、政権交代を経て様々なコストも存在します。その原因には農政の長い歴史の中で生まれてきたものもあるでしょう。

――私は群馬県の職員として、就農相談や若手向けの農業塾に関する仕事をしていますが、かつては農業改良普及員をしていました。その経験から、志を持った若手農家のその後を見ると、農家に自信と誇りが持てるような農政はぜひ進めていただきたいと思います。もう一つは、国が中長期の技術研究をするべきだということです。コメは、減反政策のため昭和四〇年頃から反収を上げる技術開発をしなくなって、他の国に遅れをとってしまっています。反収増はコスト低下にもつながるので、もう一度そうした研究開発を国がやるべきです。

小泉　群馬県と農政との関わりはとても深いものがあります。農業基本法をつくるときには、当時の池田総理と一緒に全国行脚していたのが、当時政調会長だった福田赳夫元総理です。そういう意味でも、群馬というのは農業のポテンシャルが高い所だと思います。県の職員の皆さんが農家の皆さんからも評価されるような農業県になっていただくよう期待しております。

――日本列島は多様な風土を持っていますが、それぞれの地域で、農業をやりたいと思っている人の経営が成り立つようなモデルは、いつになったら示されるのでしょうか。

小泉　農業で経営が成り立つように努力をする責任は、農家の皆さんにもあると思います。経営が成り立つように何から何まで揃えてくれというのは、これからの時代の農政には出来ません。国が出来るのは、農家の皆さんの努力が報われる環境をつくることであり、農家の皆さんの所得を保障することではないと思います。他産業ではそうした政策はとっていません。その意味では、特別扱いを許してきた農政への反省もしなければいけません。特に、コメは主食だから特別であり、何が何でも国が守らなければいけないという論理が、これまでまかり通ってきたのです。

しかし、いつの間にか、パンの消費額がコメを上回るようになり、若い人がコメを食べなくなった。真に主食であれば、需要は減らないはずであり、需要が減少したのは、消費者から選ばれなくなったからに他なりません。私も、コメは大好きですし、農家の皆さんも大好きですから、農業は守らなければならないと考えます。しかし農業を守ることと、農家の所得を保障することとはまったく別の問題です。農家の皆さんには、経営が成り立つように自らで考えて経営をしていただきたい。そこで価値を問われるのが、これからの農政です。

北海道から沖縄まで、様々な地域で、多くの農家さんがどういう経営が成り立つかを模索し、頑張っています。目標に向けて歯を食いしばって、自分の足で立とうとしている皆さんを支えたい。中山間地域や離島など、経営の成り立たない地域をしっかり守り続けていくためにこそ、守らなくても自分でやっていける農家には自立してもらう必要があるのです。

――農産物輸出についてはどのくらいの規模のポテンシャルがあるとお考えでしょうか。そして、どのくらいの期間をかけて目標を達成していくことになるのでしょうか。

小泉　一兆円が、最も近い時期に達成しようという数字ですが、その後どこまで伸ばせるかについては、為替の問題もありますので、相当慎重に考えたいと思います。また足下を見れば、インフラや生産基盤も含めた輸出のための様々な条件が整ってはいません。だからこそ農水省と農業団体のあり方、そして農家の皆さんの意識が噛み合って初めて、輸出が稼ぎ頭に位置づけられるかどうかが決まってくると思います。輸出に取り組んでいる農家さんの話をうかがっていると、可能性は間違いなくありますが、需給調整の意味合いもあるようです。今、具体的な目標額を提示したとしても、現場がそこまで熟していないので、あまり説得力を持たないものになってしまいます。そのための環境整備をまずしっかりやるために、国や農業団体に変わってほしい部分はたくさんあります。その理解を得られるように訴えていきたいと思っています。

――先ほど、主食であるという意識からコメを特別扱いしてきたという指摘がありましたが、他の品目に比べて圧倒的の多いコメ農家の数が政治の場で非常に強い力を発揮してきたという面もあったのではないでしょうか。これまでとは違ったまったく新しい考えで農林部会長を務めていかれる場合、いわゆる農林族の意識も変えていく、という動きは具体的に出てきているのでしょうか。

小泉　私は、実はそれも神話ではないかと思っています。コメ農家の中で圧倒的に多いのは兼業農家です。そうした農家は、現在では農政の対象にはならなくなっていて、高い資材でも必要であれば購入するし、それが出来るでしょう。先ほど原料原産地表示について、タブーだと思われていたことが、実はそうではなかったと言いましたが、これも同じではないかと思います。しかし、それが神話ではなかったとすれば、その兼業稲作農家が農協を支えてきたからです。農協は、数の多い兼業稲作農家に引きずられ、その声が農政に届いて、それによって政策や政治が影響されるという論理が成り立つかもしれません。それは農業団体の発展には繋がったかもしれませんが、農業の発展にはつながらないでしょう。私のこういった思いには、農林族の方も理解してくれています。確かに歴史的に自民党がコメ偏重農政を展開して来ましたが、それを加速させたのは民主党です。それを転換させるコストは、もちろん自民党も負わなければなりません。

私は、これまでのようなコメを特別視し過ぎた農政を変えたいと思っています。こうしたことをコメ農家の方に話すと、意外に分かってくれます。先日、山形県の若い農家の方と話す機会があって、率直に申し上げたら、「僕らはよく分かって。でも親はそうじゃない。」と言いました。コメ一辺倒からの脱却を考えていても、家族の中ではなかなかうまく運ばないと、悩んでいる方がいるのも現実でしょう。コメは大切ですが、他の品目とのバランスを考えながら、取り組んでいきたいと思います。

――自民党本部の主催で、米粉料理レシピコンテストが開催されると聞いています。食と農の乖離が言われてきましたが、それを改善していくような取り組みではないかと期待しています。小泉さんが好きな、お米に合うレシピを教えていただけたらと思います。

小泉　米粉の可能性は相当あると思っています。グルテンフリーやグルテンゼロの物も出ています。しかし、思うほど普及が伸びていない理由は、米粉製品が作られ始めたとき、まだあまり評価の高くない物を味わった方の印象が強かったことではないでしょうか。しかし最近の米粉製品は、当時に比べてかなり良い物になってきています。小麦の代替だけではなく、選択肢の一つとして考えられるようになっていて、米ゲルや米ピューレなどは乳化剤の代わりにも使えます。最近の炭水化物オフダイエットにみるコメを食べないという発想とは逆に、コメを使った方が健康に良いという動きも出てくると思います。

そうした、コメの新しい世界があるということを正確に発信する必要があります。私はアメリカで三年間生活しましたが、温かい汁そばがとても恋しかったのを覚えています。当時は日本のラーメン屋さんも今ほど進出していませんでしたから、身近に触れることが出来たのはベトナムのフォーでした。フォーは米の麺です。その可能性は日本でももっとあるのではないかと思います。コンテストを楽しみにしております。

――　農業政策は、戦後これまで、自民党農林族、農林水産省、農業団体という鉄のトライアングルの形で展開してきました。最近では、そうした政策決定のプロセスもずいぶん変わってきているようです。こうした変化は不可逆的なものなのでしょうか。

小泉　不可逆的にしなければいけないと思っています。しかし、政権交代が起きたら分かりません。民進党は今国会でも戸別所得保障の法案を出しています。ＥＵ型の直接支払という選択肢は確かにあるかもしれませんが、民進党が言う、お金を配ってなおかつ関税も下げないことの行き着く先は、どこなのでしょうか。高速道路、高校無料化、子ども手当、戸別所得保障という４Ｋを提唱した当時の民主党が、今でも戸別所得保障だけにはこだわっています。小選挙区制の意義でもあるのですから、自民党政権もいつか野に下るときがくるでしょう。自民党政権で出来るだけやっておかなければいけないのは、政権交代があっても戻させないように、農業成長産業化の流れをきちんとつくっていくことだと思っています。それが、これまで猫の目農政に振り回わされ続けてきた、頑張っている農家の皆さんに向けてやるべきことだと考えています。

――　今の農政では、農業の担い手を大規模農家に集約しようとしているように見えます。農政では、どのくらいの規模の農家を担い手として想定して支援していこうと考えているのでしょうか。一方、零細農家は切り捨てられて、高齢者は撤退させられるのではないかという不安を感じているようです。

小泉　コメ農家の後継者については、いろいろなタイプがあっていいと思います。家族で継承していく形、新規参入もあれば撤退する方もいるでしょう。先ほど、「すべてを守ろうとして、すべてを守れない」と言いましたが、農業も辞めていく人がいるから新たな人が入って来られるということも言えると思います。今ある姿を全部守るという発想に立てば、このまま衰退していくことになってしまう。零細規模農家を支えるために、全国民の税金が投入されていることを決して忘れてはいけない。

そして、その税金が投入される対象に、農業をやらなくても食べていける人を含ませる必要はないと思います。年金や他産業の仕事による収入が多く、農業による収入の方が少ないという対象にも区別することなく税金投入をしてきた政策の流れは、再考すべきだと思います。日本が借金もなく豊かな国で、農水省予算も毎年右肩上がりという時代であれば別ですが、今はそうではない。従って、農業を生き甲斐として続けたいという方には、どういう形の支援が必要かもしっかり考える必要があり、支えなくても続けていける方にはそうしていただければいいわけです。

――次世代の農業者については、国で育成していくべきだと思っています。国と地域、そして政治の役割がそれぞれあると思いますが、ぜひ、農業の中の悪しき慣習について改善していただけたらと思います。

小泉　人材育成は、最も大事な政策の一つだと思います。人を育成するために、全国に経営塾のようなものを設置して、既存の取り組みに関しても強化していくことにしています。

そうして、国が農業の人材をつくっていくというメッセージをしっかり出していこうと考えています。そして、多様な方が入って来られるようにし、スキルアップのための環境も整備します。最近では、大学院を出てから、あるいは海外の現場を見てから就農するなど、新しい世代の方々が農業に入ってくるようになって来ています。稼げる農業であれば、若い人も入ってくると思います。稼いでいる人が胸を張ってそう言えるような農村の文化にもしていかなければならない。そういう支え方を農業会全体でつくっていく必要があると思います。アグリフューチャージャパンで学んでいる学生に、将来の目標を聞いたところ、新聞の株式欄に自分の会社の株価が掲載されることだと言っていました。そういう発想の人たちの後押しを、しっかりやっていきたいと思っています。

――コメ重視の政策が問題だったと言われますが、アメリカでもヨーロッパでも、基幹作物である穀物については自給率一〇〇％をすでに達成し、食料自給を国防と並ぶ重要政策としています。一方、日本の状況をどう考えるべきなのでしょうか。また、ドイツでは若年層が農業に就業したとき、他産業と同水準の給料を保障し、協同組合組織の中で労働条件もしっかり管理していきました。それは政府の支出で賄っていました。農協における営農部門の赤字を、現実には農林中金が補っているという状況があるのではないでしょうか。

小泉　系統金融機関の存在意義とは何でしょうか。例えば、万一経営が危なくなっても助けますと言われて、本当に経営を頑張るでしょうか。単協の力は地域にとって非常に重要ですが、その力を発揮するのは、銀行の窓口機能ではないと思います。営農指導など、現場の仕事が単協にとって最も力を発揮できるところです。そうした力を最大限に発揮できるようなあり方に、今の農業団体がなっているでしょうか。私が、農林中金は要らないというメッセージを発信したときに、それを最も前向きに受け止めてくれたのが農林中金の河野理事長でした。日本経済新聞のインタビューに答えて、農林中金に対するエールと受け止めているとおっしゃっていました。今後どういう取り組みがされるか、期待しています。

――農業はいろいろな意味で地域に支えられている営みだと思います。今頑張っている農業者の方たちが、どのように地域づくりに関わっているのか、お聞きしたいと思います。また、食育を含めた教育についてはどうお考えでしょうか。よくコメとパンが比べられますが、もともと比較の対象にはならないと思います。例えば、米ペーストを製造する機械を全国に導入すれば、加工や輸出も含めて可能性が考えられます。そうした装備は民間では限界があるので、国の支援が重要になると思います。そうしてコメの需要が高まれば所得も上がり、若い人も入って来るのではないでしょうか。

小泉　食育基本法が出来てから一〇年以上経ち、そのあり方も、もう少し考える必要が出てきたように思います。最も大事なのは、体験の場を増やすことでしょう。養老孟司さんは、平成の参勤交代の必要性を説いていますが、地方と都市の人事交流がほんとうに必要だと思います。それによって地方創生も実現できるし、農業の可能性、そして農家の皆さんの自信につながる取り組みが食育だろうと思います。

私は、食料安全保障がとても大事だと思っていますので、食料安全保障戦略が必要です。ようやく官邸に、経済財政諮問会議があり、国家安全保障会議があり、経済、財政、安全保障については、戦略をつくる最上位の場が出来ました。同じように、食料安全保障戦略もしっかりたてるべきだと思います。そのとき必要になるのは、日本の輸入する力の見極めです。

実は、日本のバイイングパワーという問題に、これまで正面から取り組んではきていません。安全保障の根幹の認識については、与野党で共有すべきだということは根付いており、農政についても基本的な部分で与野党が共有する部分があるべきです。現時点で、共有している認識としては、一つは自給力、自給力を上げるということ、もう一つは水田を守ることですが、もう少し共有すべきところがあると思います。従って、農政が選挙の争点になるような状況は、誰にとってもいいことではありません。

（二〇一六・五・二〇）

新聞記者の目で見た農業の成長産業化とは

日本経済新聞編集委員　吉田　忠則

私がこの分野の取材を始めてからまだ六～七年です。そもそも私は、農業について「成長戦略」「成長産業」という言葉を使うのは慎重であるべきだと思っています。人口が減って、胃袋が小さくなっていく国で農業を成長産業化させることは、本当に可能なのでしょうか。実は私自身、その答えは、まだ見つかっていません。従って、私のこれまでの取材の視点は、農業全体を捉えるというよりも、個別の経営の可能性を通して、農業が元気になることが成長産業化につながるのではないか、という認識です。

われわれもそうなのですが、農業に対するステレオタイプの見方が存在すると思います。例えば、農協には頑張っている農協もありますし、そうでない農協もあります。農業法人でも同じことが言えます。しかし、何となく農協は悪で、農業法人は良いという雰囲気が出来ています。兼業農家悪玉論についても同様です。兼業農家が農業全体の技術や経営のスキルアップに貢献してきたかと言えば、必ずしもそうではないとは思いますし、今後の地域農業の発展を考えれば専業的なプロ農家が成長していくべきで、農政もそれを後押しするべきでしょう。しかし兼業農家は、日本経済の高度成長の中で、都市と農村の格差を緩和した重要な役割を担って来たと思っています。

新興国の発展過程では、都市と農村の断絶が大きくなり、政治的不安定の原因の一つになっています。中国では、三億人近い人たちが農村から都市部に流入して定住できずにいます。日本では、兼業農家の存在が都市農村の経済格差の拡大を防ぎ、ある時期には、農村は家計所得で都市を上回るほどでした。田中角栄の政治はその象徴ではないかと思います。農家が土地を手放さずに農村に住みながら他産業に就業することで、高度経済成長による社会の不安定を防ぐことが出来たのです。その意味で、兼業農家というシステムは評価すべきものであり、その存続が危ぶまれている状況に、日本の農村の苦境が象徴的に現れていると思います。そうしたシステムが崩れつつあるがゆえに、プロ農家の役割がますます重要になっているのだと思います。。

企業の参入に対する期待感にも、少し思い違いがあるのではないでしょうか。企業が農業をやれば何とかなるという単純な話ではないと、取材を通じて感じています。もちろん企業的な経営が個別経営の中から自然に誕生していて、農業に誠実に向き合う企業がより農家に歩み寄る形で企業的な経営を取り入れる場合には、今後の農業の発展の芽として評価すべきでしょうが、企業が農業を経営すれば、すぐにうまくいくというムードには疑問を持っています。

参入企業が農業事業から撤退していく

数年前、ニチレイが千葉県の農業法人と提携して大きな野菜の物流倉庫を建設しました。六次産業化事業の典型と位置づけられ、農業生産グループから野菜を仕入れて、加工設備を併設した大規模な低温倉庫に保管し、ジュースなどに加工していこうというものでした。数億円の補助金が投入されたにもかかわらず、この三月末、一度も黒字になることなく撤退しています。その理由の一つに、組織のぜい弱な農業生産グループから生産者の離脱が相次いだことがありました。また、ニチレイが担当していた販路の開拓が思うように拡大しなかったことも原因でした。そのように、入口と出口の両方に問題を抱えて撤退することになりました。補助金のうち、残った期間に相当する分は、ニチレイが返還したようです。

また、オムロンは、北海道でオランダから輸入した施設で大規模に生食用トマトの栽培に乗り出しましたが、数年で撤退しました。オムロンの参入前にはたくさん記事が出ましたが、稼働が始まった途端に記事が出なくなりました。次々に経営が代わり、今は大阪のガス会社が取り組んでいます。この会社は粘り強く技術を高め、販路を増やし、ついに黒字化を実現しました。

東日本大震災からの復興のシンボルとして、植物工場が取り上げられたことがあります。数億円の補助金によって建設された太陽光型の植物工場も破綻しました。毎日のように各地からいろいろな人が見学に来るのですが、立派に成長したレタスも販売先がないので、施設の裏にこっそり捨てていたという話を聞きました。二人の高齢の兼業農家と花栽培の専業農家が取り組み始めたものでしたが、関係者みんな水耕栽培は未経験でした。そこに数億円の補助金を投入していたわけです。

そもそも事業計画では、生産されたレタスを市場価格の数倍で売ることになっていて、それを認可した行政の認識が疑われます。今は、地元の物流会社が買い取って、再生させています。どんなに近代的で立派な施設であっても、経営に厳しく向き合わなければ、持続していくのは難しいようです。

また、食料自給力という概念の取り扱いには、メディアが抱える農林水産省や農政へのイメージが色濃く出ていたように思います。新しい政策指標として、基本計画の中で提示されたこの概念について、「問題なのは、食料輸入が途絶えることは考えにくく、現実の食生活ともかけ離れている。参考程度の意味しかない指標に、今後の農政が影響されることはあってはならない」と論説した新聞がありました。これは象徴的で、農政が新しい政策を出してきたときは、補助金が絡んでいるのではないかという勘ぐりがあるからではないでしょうか。

以上は、メディアが抱えるステレオタイプな見方をいくつか申し上げましたが、農業については、もっと重層的に見るという意識をもって取材をし、報道していく必要があると感じています。

米価が上って外国から調達する外食企業

「農業女子プロジェクト」は、農水省が始めたプロジェクトで、そこで出てきたアイデアによる商品などが実際に誕生しています。例えば、農業だから汚くてもいいということではなく、明るい気持ちで作業をしたいという気持ちからデザインされたエプロンもあります。女性ならではの運転席周りの収納や色使いなどを採用した軽トラックは、好調に販売をスタートさせました。

このプロジェクトは、博報堂から農水省に出向していた女性が、農業をやっている女性と企業を結びつければ、ビジネスに結びつくのではないかという発想から生まれました。こうしたＰＲは、確かに東京では大いに受けて関心も高まりました。しかし、地方の公民館や農協の会議室で同じようにＰＲしても、素直には受け入れられないのではないでしょうか。農業ってそんなに甘いものじゃない、というのが率直な感想でしょう。実は、単にファッショナブルな面だけを見るのではなく、そうした否定的な感想をもつ層もある、ということにも注意していく必要があると思います。

昨年、コメの生産調整は超過で達成されました。コメの需要は毎年八万㌧減少していく傾向にありますが、農水省の需要見通は、さらに下方修正されました。ＳＢＳ米の三月末の実績では尻上がりに応札が増えてきていました。東日本大震災の影響で米価が暴騰したため、二〇一一年度と二〇一二年度はSBS米の輸入はそれぞれ上限の一〇万㌧に達しました。需給がタイトになれば、輸入が増えるのです。

こうした背景から、外食企業と米卸会社の間では、SBS米をめぐる商談が始まっています。米の卸会社の人に言わせると、アメリカのカルローズを日本のコシヒカリと混ぜて炊いても、食べる人は気付かないと言います。そう見ると、飼料米に補助金をつぎ込んで生産調整が達成できたことは稲作のためになったのかと疑問がわきます。

米価が上がれば短期的には農家は喜ぶかも知れませんが、結果的には需要は減ってしまう。そうして需要が減る過程で、米価が上がって、外食企業は外国から調達しようとします。今の政策のあり方では、そのような循環から到底抜け出すことは出来ません。コメの需給がタイトになると見られている中で、業務用に使う古米や網下米なども、夏頃にはなくなる可能性もあり、秋に向けてSBSの取引が活発化することが予想されます。

そのような米需給をめぐる厳しい経営環境の中で、コメ業界が直面している課題を見ていこうと思います。

全国各地のコメを取り扱う時代へ

東京・新宿に老舗のお米屋さんがありましたが、一年くらい前に閉店しました。そのお米屋さんは新しいことに積極的にチャレンジしてきていました。一九七〇年代、新潟の米の評価はあまり高くはなく、宮城のササニシキには太刀打ち出来ませんでした。しかし、このお米屋さんの経営者は、疎開当時に食べた新潟のコメの味を覚えていて、そのコシヒカリをヤミで調達して、売り始めました。ちょうど時を同じくして、新潟の当時の経済連が東京・日本橋に事務所を開設して、打倒ササニシキに乗り出しました。当時のササニシキ全盛の市場で、わずかな量のコシヒカリを複数のルートで販売しても注目を浴びることはなかったでしょう。

そこで、そのお米屋さんなどだけにおいしいお米がある、という販売戦略をとることにしました。販売努力もあって、コシヒカリというおいしいお米が新潟にあることが、徐々に広がっていきました。今ではきれいなお米屋さんは珍しくなくなりましたが、このお米屋さんは一九九〇年にリニューアルしたときに、近代的できれいなお店で、パッケージにも工夫をしました。

しかし、九〇年代に入り、家庭でコメを食べるという習慣がどんどん減っていきました。そのことを見た店の経営者は、家庭用から外食用へとシフトしていきました。その結果、業務用が拡大して、その過程で従業員も増やして経営も成長していきます。ただし、米の消費減退が続く中で、当然、価格競争が出てきます。お米の食味に対する要求も高くなる一方、外食企業は低価格米を求めるようになります。ある時、取引のある外食チェーンが新潟コシヒカリを使わないと言って来ました。今後は、石川県のコシヒカリを扱うことにすると言うのです。そこで、各地のコメを取り扱うようになるのですが、石川県から調達したコシヒカリの方が、品質が安定していることに気付きました。それまではばらつきのあった新潟コシヒカリに比べ、石川県のある農業法人から仕入れているお米はいつも品質が一定していました。

そこでお米屋の主人は、農業法人という新しい経営が農業の世界に登場してきたことに気付いたのです。そんな先進的なお米屋さんも、数年前撤退しました。その直前は、見る影もなく暗い雰囲気の倉庫になってしまっていました。

時代を切り開いてきた農業経営者

有名なぶった農産は、今でも一億円の売上を誇っていますし、一つの時代を切り開いてきた農業法人だと言えると思います。六次産業化という言葉もない時代に、農閑期の冬場に地元の特産のかぶら寿司を製造することで、経営を発展させましたし、一九八七年にはダイレクトマーケティングを始めました。当初は、昼間田んぼで汗を流して来て、夜には、たいへんな思いをして手書きで伝票を書いていましたが、当時は、まだ高価だったパソコンを導入して、顧客管理をすることにしました。一〇〇万円の設備投資をして顧客管理をしようと考えた農家が、その当時ほかにいたでしょうか。

また、シティバンクが日本に進出して銀座に支店を開設したとき、真っ先に口座を開きました。シティバンクはどちらかと言えば、富裕層向けの銀行で、顧客向けにダイレクトマーケティングを盛んに展開する銀行です。そうした企業のマーケティングを勉強するために、わざわざ口座を開設して、取引を始めたのだそうです。時代を切り開いてきた経営者は、他の人とは違う発想をするものだということが分かります。

越後ファームは、新宿の不動産会社のサラリーマンだった人が、一〇年前に新潟で小さな農業法人を立ち上げたところから始まりました。現在、東京・日本橋三越本店の地下にお米売り場を持っている唯一の会社です。一キロ五〇〇〇円というお米も扱っています。

彼が農業に参入したとき、行政や地域の農家にあたってもまったく田んぼが見つからなくて、最後にたどり着いたのが中山間地域の田んぼでした。そうした所では、大規模化して、効率の高い農業は出来ませんので、生産するコメのブランド化を考えました。コメを生産しても、農協を通すのではなく、自分で売りたいと考え、あちこち販路を探して、やっとシンガポールの伊勢丹で、お米の販売が出来るようになりました。

その後、なかなか日本では販売できない中で、自然農法に取り組んでいくうちに、徐々にブランドの力が高まっていきます。販売先を拡大するとともにお米が足りなくなって、全国に農家のネットワークをつくって、生産者個人名で売るようにしました。この三月からは、日本航空のファーストクラスとビジネスクラスの国際便の機内食に使われています。航空機では、炊飯器ではなく電子レンジでお米を炊きますが、限られたスペースの中で、どうすればおいしいお米が炊けるかを徹底的に研究した結果です。

もっとおいしいお米を生産する農家は全国にたくさんいるとは思いますが、ブランド化して販売することやおいしいご飯を炊きあげることに努力してきている生産者は、あまりいないと思います。参入してわずか一〇年の人のお米が、一流の食の場で使われるということには、非常に大きい意味があります。

一〇〇《ヘクタール》を超える大規模農家の話を聞く機会がありました。彼は、自分の仕事を「ライスセンター業」と言っていました。まだ規模拡大中ですので、多くの農家から田んぼを集める必要があり、預けてくれる地主である農家に、いかに気持ちよく預けてもらえるかを考えるのが、経営上の非常に大きな部分を占めていると言います。従って、効率が落ちるにもかかわらず、小さい容量の乾燥機を一二台設置することで、自分の田んぼのコメを賃料として欲しいという一部の地主の要望にも応えています。もっとも、そうした地主の次の世代になったときのことを考えて、もっと大きな乾燥機を設置して効率を上げられるように、ライスセンターの天井はかなり高くしてありました。つまり、次の世代を見通して、今の経営に何が必要かを考えているのです。

ＩＴの活用も含めて、将来を見据えて

イオンは、埼玉県羽生市で一年前から稲作に参入しました。イオン自体は、すでに全国で三〇〇

㌶以上を経営し、わが国では最大級の農業法人になりつつあります。企業として参入しているイオンですが、やっていることの中身はほとんど農家と同じです。そうはいっても、給与所得者である従業員の生活や就業環境はきちんと維持していかなければなりませんので、様々な課題を抱えてきました。初年度には、作業が追いつかなくて畦が雑草だらけになってしまい、農業子会社の社長たちが現場にかけつけて草刈りをしたそうです。そのように、販売先が確保できている企業が参入したからといって、それだけで成功するわけではないのです。やはり、これまで地元の農家が努力してきたことを尊重し、それを踏まえて取り組んでいくべきです。

横田農場は、すでに一三〇ha《ヘクタール》の経営に成長しています。それほど大規模な経営でも、田んぼの隅はは手植えをして、地元の高齢農家にも安心して預けてもらえるようなやり方をしてきました。この農場の特徴は、一〇〇ha《ヘクタール》の面積を田植機とコンバインをそれぞれ一台でこなせるような作業体系を実現していることです。そのために、異なる品種を植えて、田植えと収穫時期をずらして一台の機械でも対応できるように作付けを設計しています。そんな先進経営でも、収量と品質を安定させることは簡単ではありません。急激に規模が大きくなっているからです。

そうした問題解決のために、ITの活用も含めて、将来を見据えた対策に一生懸命取り組んでいます。大規模経営の農業法人は、ともすればその規模の大きさと効率に目を奪われがちですが、経営者は地域に密着した課題と向き合って、将来を見据えていることが分かります。

「おむすび権兵衛」というチェーンが徐々に拡大していますが、これはコンビニのおにぎりの対極にあるものだと言えます。ほぼすべて店舗内で調理していて、一個当たりの価格はコンビニとそう変わりませんが、おコメの量は多めです。原料の米を一俵二万円以上で仕入れていますが、店舗ごとにこめの調達先を決め、ブレンドはしません。多少の味のばらつきは出ますが、産地の個性とプライドを重視しています。この経営の核心は、良いお米を仕入れることです。良いお米を作るため、アルバイトを含めた全員で農家の田んぼに行って農作業をともにして、お客さんの声も届ける。つまり、いいお米を農家と一緒につくって、消費者にいいお米を届けるということをしています。

また、秋田ふるさと農協は、大手米卸のヤマタネと非常に強い信頼関係を持っていて、米価が下落したときも仕入れ値を大きく下げなくてもすみました

高齢化を背景にコメ消費は年間八万トンずつ減少していますが、今後人口減少によって、さらに消費が落ち込むと予想されます。「息を飲むほど美しい棚田の風景」というような情緒的な言葉で政策が展開されていいものだろうかと考えます。

米の需要は年間八〇〇万トンを切っている一方で、食品ロスはそれに匹敵するほどの量になっています。それほどの飽食の国で、自給率を、補助金を使ってまで上げることにどんな意味があるのでしょうか。無駄のたくさんある食生活を前提とした自給率向上とは、一体何なのか。

また、農業は儲からないと言われて来ましたが、よく考えると、農業が儲からないということは、

国民にとっては幸せなことではないかとも思えます。東日本大震災でもそうでしたが、食料が一瞬でも店頭から消えただけで、社会はパニックになります。食料は常に不足せず、むしろ若干余っている状態が良いわけで、そのため価格には、いつも下方圧力がかかっていることになります。商品の値段が常に低く抑えられる業界である農業で、利益が簡単に出るとは思えません。

一方、世界第二の外貨準備を抱えている日本は、世界中から食料を買ってくることも出来ます。そんな国で農業をやっている人たちがどんなに頑張っても、利益が出ないことを一概に責めることは出来ないのです。

また、食料自給率が四割で、ほんとうに消費者は食料不足を心配しているのでしょうか。例えば、子どものために、スーパーでは中国産の野菜は買わないと言っている母親は、外食や弁当では食材にどこまで気を遣っているでしょうか。つまり、消費者は深層心理では、日本には食料は余っていると感じているのではないでしょうか。

農地を守り、維持していく

中山間地域の耕作放棄地を取材に行ったときのことです。耕作放棄されているにもかかわらず、雑草が刈り取られた棚田がありました。周りに他の田んぼがあるわけではないので、先祖から受け継いだ田んぼが荒れ放題になるのを見られないと、せめて雑草を刈り取っていたらしいのです。さらに山奥に入れば、かつてはきれいな田畑があった所もジャングルに変わり果て、とうてい再生は不可能に見えました。

価格競争力で海外産に太刀打ち出来ないため、海外農産物が入って来ます。コメ以外の主要穀物がその典型でしょう。自給率を高めようとすれば、価格の安い海外産を追い出すために、どうしても補助金を出さざるを得なくなります。海外の安いトウモロコシに対抗するため、農家の収入の九割以上を補助金で支えるエサ米は、その象徴でしょう。自給率を高めようとすれば、弱い部分を政策は補助金頼みに傾斜してしまうのです。

一方、食料自給力の向上は、一定の農地を維持することによって、いざというときに国民のカロリーを提供できる農地を守っていこうということです。食料自給力に関して、生源寺眞一食料・農業・農村審議会会長（当時）は、「カロリー供給力という点で危険水域に入っている」と著書に書いています。そして「極論すれば、植えるのは花でもいい」とも言っています。今は食料を作っていなくても、そこが農地である限り食料基地になり得るということです。そうした考え方をさらに延長していけば、とりあえず儲かる作物を作ることで農地を経済的に維持していくという発想につながるかもしれません。その意味で、自給率よりも自給力を軸に政策を考え、農地と農業者、そして農業技術をどうのように次の世代にバトンタッチしていくかということに、照準を合わせた方がいいのではないかと考えます。

岩手県花巻市の盛川農場は、乾田直播による効率的で低コストの米づくりがよく取り上げられています。しかし、その経営のポイントはそこだけにあるのではありません。田んぼに種を播いて水を引くまではほとんど畑のような状態ですので、畑作と同じ機械を使うことが出来るのです。それによって経営コストの低減を図っているのです。単に育苗と田植えをなくしたことだけではなく、むしろ設備投資をどう効率化するかに腐心してきたわけです。このように田と畑をトータルで見て効率的な経営をすることは、農地を守ることにつながりますし、稲作経営の柔軟性をより高めることが出来ると考えます。取材の時に、経営者にもっと拡大できますねと聞いたら、米価次第で何を生産するかを決めていくと応えました。つまり、米価が下がれば他の作物を作ればいい、という発想です。

放牧は、飼料米生産に比べて、はるかに効率的です。飼料生産も、トウモロコシ、牧草の組合せによれば、飼料米の数分の一の生産コストになるという実証試験結果も出ています。そこに牛の放牧を加えることにで、さらに生産費を下げることが出来ます。コメ中心の現行の農政では、こうした発想には結びつきません。

将来的には畑作も視野に入れる

かつての日本は人口密度が高く農村の人件費も低かったので、狭い農地で労働集約的に収量を上げる稲作が適していたのですが、一方、ヨーロッパのように人口密度は低いが人件費は高い所では、小麦が適しています。これからの日本は、人口減で人件費は高止まりする一方、土地価格は低下していきますので、効率的に農地を守って自給力を維持していくためには、エサ米にこだわらず、様々な飼料作物を作る畑作も視野に入れる必要があるのではないかと思います。

　コシヒカリで反収五五〇キロに満たない所に八万円もの補助金を投入して、主食のコメと同じ収益を保証するような政策を続けるのなら、従前の兼業農家中心の稲作経営が今後も可能です。しかし、先ほどのような飼料作と放牧を組み合わせた農業は、プロ農家でなくてはやっていけないでしょう。従って、そうした経営を支援する方向にシフトすべきだと思っています。

　有名な群馬県の「野菜くらぶ」は、グループ化することによって経営を安定化し、新しいメンバー農家を研修させて独立させ、そうしてグループを拡大してきています。グループ化をしている法人経営は他にもありますが、ここでは、販売先に対して出荷量を必ずしも保証してはいません。ただし、生産できる物の品質はきちんと保っているので、価格も、約束通りの価格で買い取ってもらうことが出来ています。

　小祝政明氏は、有機農業の栽培指導と肥料販売をおこなっている方です。その指導を受けた農家の野菜をある企業が客観的に分析したところ、次のようなことが分かりました。有機農業と慣行農業で栽培した野菜のどちらが栄養価が高いと一概には言えないはずですが、なぜか小祝さんの指導を受けた農家の野菜は、傾向的に栄養価が高かったのです。理由ははっきりとは分かりませんが、確率的にそう言えるらしいのです。実際の畑を見ると、冬季にもかかわらず、畑の土はフカフカでした。指導を受けたある若手農家は、一～二年で収量が二倍に増えたと言っていました。

特に小祝さんが強調しているのは次のようなことです。植物はアミノ酸のような分子構造の大きな物でも吸収することが出来るので、葉の部分での光合成を省力化できると言います。栽培体系にその機能を取り込めば、天候不良でも光合成を補うことが出来ることになります。そうしていろいろな組合せで栽培体系をつくって、農家を指導しています。

これからの若手農業経営者は世界を知る

三重県の浅井農園に取材でお邪魔したときのことです。オランダから輸入した大きなハウスに併設された事務所で、若い従業員がパソコンに向かって英語で話していました。従業員がオランダのコンサルタントと栽培状況について相談していたのだそうです。トマト栽培の研究用に別にハウスをつくって、世界各地から取り寄せた様々な品種について栽培試験もしています。研究用のハウスでは、中国人の女性が従事していますが、彼女は中国の農業大学を出て三重大学の大学院で学びました。経営者の方は、若い頃から世界中の農場を見学して来ました。日本の農家や農業団体はよく海外視察に行きますが、大抵は集団でバスで訪れて、通訳を介してどんなに素晴らしいかという話を数十分間聞いて終わりです。

しかしそれだけで自分の経営が改善するとは思えません。ここの経営者もかつてオランダに視察に行きましたが、そのときはたった一人でした。そして、現地の農場で二日間働かせてもらいました。通訳を介して三〇分話を聞くよりも、二日間ですが、自分で体験したのとではまったく感じ方が違うと思います。その視察が終わって、その足でオランダの種苗会社の研究室に最先端のトマト育種について聞きに行ったのです。これをきっかけに世界中の育種の研究機関と交流を持つようになりました。彼は農場を経営する傍ら、三重大学でトマトのゲノム育種をテーマに博士号をとりました。世界中の研究機関と付き合えるということは、単に英語力があるからだけではなく、そうした専門的な知識があるため普通の農家が視察をする場合よりはるかに理解が深いのでしょう。そのように、農業経営においても、海外とのパイプを持つことで、経営を飛躍できるようになってきていると思います。

ナフィールド・スカラーシップという奨学金制度が六〇年ほど前からあります。ジョンディアーなど世界の農業や食品関係の大企業が出資をして、世界各国の将来性のある農業者に資金提供をおこなっています。そこでは六週間くらいにわたって、世界各国を視察させています。残念ながら、これまで日本人の参加者はありませんが、今後の日本農業を担う若手農業経営者が世界を知ることはとても大切だと思います。例えば、農林中金がこのスカラーシップに出資して、将来の地域農業のリーダーを育てることも考えられるのではないでしょうか。それも農協金融の役割の一つではないかと考えています。

新たな発想で農地を守る

そもそも、農産物を生産するだけで利益を出していくことは大変です。そこで、少し視点を変えて見てみようと思います。例えばアグリメディアというベンチャー企業は、各地で市民農園を運営していて、一反当たりの売上はモデルケースで年間一〇〇〇万円です。この企業の経営者は、ライバルはフィットネスクラブだと言います。チラシの作り方や配布、そしてサービスもそれを参考にしてビジネスを組み立てているそうです。運営にあたっては、失敗をさせないことを心がけています。こまめにアドバイザーが見ていて、本部から会員にアドバイスをすることで、栽培に失敗しないようにしています。さらに、様々なイベントを工夫して、快適な空間をつくることに努力しています。こうした方法も農業のあり方の一つではないかと思います。

体験農園マイファームも同じような企業です。ただし、私が関東地域のある農園に取材にいったとき、畑のブロッコリーが収穫適期を過ぎて、大きく育ってしまっていました。前記のアグリメディアと違うのは、失敗してもそれもまた学びの場であり、楽しい空間になると考えているところです。また、何人かの会員が小麦を栽培して、出来た小麦を使って料理を楽しむこともおこなわれていました。

例えば「トップリバー」や「和郷園」や「野菜くらぶ」などのトップ経営は一見似ているように見えても、その経営コンセプトには違いがあります。市民農園もともすれば一括りにして見られがちですが、よく見ていくと、それぞれ経営モデルが違っています。様々な取り組み中から利益が生まれて、それによって農地が守られる仕組みが出来できているのだろうと思います。取材する立場として、そういう点に注目すべきだと思います。

神奈川県の中山農園は開園してから一〇年以上経ちますが、会員の中には一〇年以上の人もいます。脱サラで農園を始めた園主は、雰囲気を盛り上げるのが上手で、会員皆、一体感を持って栽培に取り組んでいます。貸し農園とは別に通常の販売向けの圃場もあって、そこでは会員が援農ボランティアとして働くこともあります。その一角には何でも作っていい畑もあって、特にベテランの会員たちは腕試しが出来ます。市民農園や体験農園は高齢者による消費を旺盛にして、日本経済を活性化させるのにも一役買えるのかもしれません。農作業で体を使うのは健康に良いですし、植物を扱うことは知的な作業でもあります。

さらに収穫物を通じて、子ども・孫世代も含めた広範囲との交流が可能になります。高齢化が進んでいく日本で、農業の出来る貢献の仕方のひとつだろうと思います。そして、こういった形で都市近郊の農地は守られていくと考えられます。

東京国立市の「くにたち　はたけんぼ」は、元テレビディレクターが開設した、小さな農場です。

ここには貸し農園や田んぼもありますが、中央のイベント広場では、婚活イベントが月二回おこなわれます。運営者は、以前から農業に関わりたいと思っていたものの、農産物を売って生計を立てるのはなかなか難しいと感じ、こうした形で農園を運営することになりました。第一次産業に携わっているのではなく、自分がやっているのはむしろサービス業だと言っていました。

千葉県のある農園では、野菜の作り方を指導する園主の農園の近くに、園主の生徒だった人がやっている趣味の農園が広がっています。さらにそこで就農した生徒もいます。そうして徐々に農地が広がってきています。就農した生徒は、もともとコンビニのオーナーでしたが、神経をすり減らすコンビニのオーナーという仕事を辞めて、就農をして来た人です。

農業の視野を広げ、農業の裾野を拡げる

こうして見ると芸術家、デザイナー、日曜画家という関係に似たことが農業の世界にもあればいいと思っています。その世界の頂点にはピカソや北斎といった天才的な人たちが存在し、その周りには無数の商業デザイナーの人たちがいてそれぞれ経営を成り立たせ、そして、その周りにはもっと広く日曜画家というアマチュアがいるという構造です。そうした大きくて、裾野の広い世界が農業にも出来ればいいのではないでしょうか。

農業就業人口は減り続け、その中でおこなわれてきて農政は、農業・農地・農家を一体のものと

して扱ってきました。少し発想を広げて、皆が農業に参加できるようにして、例えば市民農園や体験農園で農作業を体験した子どもたちが農業経営者になるかもしれないように、裾野を拡げる。それが、農業の発展にとって、今一番大切ではないかと思っています。

日本の成長戦略にとって教育分野が重要だと思っていますが、そういう意味では、農業も子どもたちが広く農業に接することで、それが可能になるかもしれません。そして、農業女子プロジェクトのように、もっとリラックスして、農業に関わるビジネスチャンスを拾っていくことが必要になっていると思います。

イタリアの人たちが、ピザを食べて、その小麦の味を評価するでしょうか。ピザであれば、生地とチーズ、トマトなど具材を含めて全体としての味でピザという料理が成立していると思います。しかし、コメの取材をすると、農家や研究者の多くがコメ自体の美味しさを強調します。それはスッピンで勝負させられてきたようなものではないでしょうか。コメは売り方も含めて、いろいろな可能性があると思っています。

例えば、二合包装のパッケージに食味値を表示して、東京・渋谷ロフトの雑貨売り場で販売していたことがありました。同じ売り場には全国各地のレトルトカレーが置いてありますので、カレーとともに買っていくお客さんがいました。

もちろん、これが大きな柱になるとは思えませんが、これもビジネスアイデアの一つです。農業の新しい可能性を求めて、これからも取材を続けていきたいと思います。

（よしだ　ただのり）

〈質　疑〉

―― 吉田さんは、農業の経験はおありですか。

吉田 私自身は農業の経験はまったくありません。敢えて言えば、食べ物や食材自体にはあまり興味はありません。私がほんとうに興味をもっているのは経営です。経営者たちが目を輝かせて、経営のことを語り、そして頑張っていることを取材することが楽しい。

―― これまで、一〇㌶規模の中核的な専業農家をたくさん育成するという政策が展開されてきたのもかかわらず、現状はそうなってはいません。その程度の経営規模であれば現在の技術水準から言えば、兼業で十分やっていけるので、むしろ中核的な兼業農家を育成していくことが必要なのではないでしょうか。

吉田 「敵か味方か、黒か白かは、善き農業スピリッツの対極にあるもの」。生源寺氏の著書でこういう趣旨のことを言っていますが、非常に好きな言葉です。私も、兼業農家そのものを悪だと思っているわけではありません。ただし兼業農家を中心とした農業で、これからの日本の農地を支えきれるのかを考えると、必ずしもそうではない。農研機構の中央農業総合研究センターは耕作放棄を防止しながらコメを中心とする土地利用型農業を守っていくために必要な経営面積は、西日本では九〇ヘクタールという試算をしています。兼業農家一経営で九〇ヘクタールの経営を成り立たせられるかと言うと、当然、不可能です。

また、そもそも農村に就業機会があったから兼業が成立しましたが、日本の経済構造変化の中で地方に立地していた工場は海外に転出してしまい、地域金融機関も大幅に縮小しており、就業の場がかなり減りました。つまり、兼業農家の減少は決して農業の不振だけが原因なのではなくて、兼業機会の減少がそれをもたらしているのだろうと思っています。しかし、地方経済の経営資源としての田畑は幸いまだ残っていますので、むしろプロ農家に焦点を当てて、儲ける農業への可能性を探っていくのもひとつの方向ではないか。農地を守ることを、まだ諦める必要はないのではないでしょうか。

―― 農業の輸出の可能性については、どうお考えでしょうか。

吉田　輸出に関してはあまり取材をしてこなかったのですが、福岡県の貿易会社が、ホクレンにいた人材を採用して、経営が好転したという例がありました。それまでは福岡の農産物を売るだけだったのが、全国各地から周年にわたって商品を確保することによって、香港のスーパーに棚を確保できたことで、売上が増えたそうです。バンコクやシンガポールなどで、各都道府県のPRが頻繁に打たれていますが、輸出に関して言うと、産地間競争は無為ではないかと思われます。全国の農産物を体系的に仕入れて、それを販売していくことこそ全農の役割なのではないか。ただし、そうした輸出の振興によって、日本の稲作農業の状況が劇的に好転するとは思えません。また、日本は減少傾向にあるとはいえ、一億人以上の人口を依然として抱えていますので、オランダのように、特定の農産物の輸出に特化してあとは輸入で賄うという具合にはいかないと思います。輸出競争力の観点から、現在SBSで入ってくる中国のコメと日本のコメの価格を比べて、その差があまりなくなったと言われますが、そう単純な話ではないでしょう。中国での農業近代化のスピードは想像以上で、近いうちに日本産と品質でも遜色ないレベルに達すると思われます。日本がそうした国々と競争していけるかということについては、決して楽観できません。

――和牛の放牧の可能性はどのくらいあるのでしょうか。それを推進する政策はどのようなものが考えられるのでしょうか。また、現政権は農業法人に大規模な支援をする政策を展開していますが、農業法人の継続はどのくらい見込めるのでしょうか。そして、農業に若い人を呼び込むためにはどんな方策が考えられるのでしょうか。

吉田　和牛の可能性はとてもあるとは思いますが、高齢化時代に、これまでのようにサシのたくさん入ったタイプの牛肉がそれほど伸びるとは思えません。放牧して粗飼料を与えて、美味しい赤身の肉を生産することに、もっと農政や研究機関は関心を寄せていいのではないかと思います。

また、法人経営か家族経営かという選択は非常に難しい。例えば、大規模専業経営と家族経営のどちらが、米価の下落に強いかは分かりません。従業員を雇った法人経営は、固定給や社会保険料を負担する必要があって一定の固定費が発生しますし、家族経営は家族の無償労働に頼ることも出来ます。兼業であれば、米作が赤字でも他就業からの収入があります。そう考えると、兼業農家を中心に高齢化が進む中で、米価が下落し、中規模の専業農家が脱落していき、引き受け手がいない農地が荒廃し、最後に後継者のいない高齢兼業農家が一斉に辞めてしまうという最悪のシナリオが浮かんできます。

従って、法人化して経営として成り立つビジネスモデルをどうつくるかが、これからも追求していくべき課題だろうと思っています。社会に出ていく若い人の中には、一国一城の主を目指す人ばかりではなく、大部分は企業に入って人生設計をしていくわけです。農業でも、法人で雇用をするような経営が育っていかないと、若い人が入って来ないのではないか。一定期間法人で働いた後は独立させて、グループとして一緒に経営していくという形で参入を促進していく方法もあると思います。

——農産物輸出を促進しようという政策がとられていますが、日本の農産物の海外での評価はどのようなものなのでしょうか。

吉田　中国で何年か取材をしてきた経験から言うと、日本の果物のほうがはるかに美味しいのは確かです。インバウンドで多くの中国の方が日本を訪れますが、日本のおコメや果物をおいしいといって喜んで食べています。しかし、海外で日本の果物が高価格で売れるとはいっても、ほとんどが物流段階で吸収されてしまっているのが現状で、日本の農家に利益が出なければあまり意味はありません。そうすると、量がある程度揃った形で輸出が出来ない限り、軌道には乗らないのではないか。個人の力では輸出していくのは無理ですので、農協や商社がもっと積極的に取り組む必要があるでしょう。今のところ、日本の農産物輸出を扱っているのは中小の貿易会社が多いですが、農産物輸出が儲かるようになれば大手商社も乗り出して来ると思われます。農産物輸出は、質的な変化を起こすような量的な拡大が起きない限り、あくまで例外的な現象にとどまるのではないでしょうか。

——日本の農業従事者の約八割が六〇歳以上になっている一方で、今後若い人が続々と入ってくるとも思えません。二〇年後、八割を占める八〇歳以上の農家がリタイアしたとき、残りの二割で日本の農地を守り、農地を維持していくには、労働生産性を五倍にしなければいけません。例えばロボットなど革新的な農業機械化の研究促進もあるとは思いますが、どんな対策が必要になってくるとお考えでしょうか。

吉田　日本の圃場区画が小さいから生産効率が低いということは確かです。しかし、効率が低いもう一つの原因は単収の低さではないでしょうか。生産調整が始まるまでの日本は、世界の中でも高い単収水準でした。しかし、生産調整をきっかけにコメの単収は海外と比べて見劣りするようになりました。従って、まずは単収を上げる努力をするべきで、そのためにはやはりプロの技術を追究する必要があると思います。区画もある程度大きくする必要があるでしょうが、横田農場のように少ない装備で作業を可能にすることで、より生産効率を高めるという展開も考えられます。それでも外国産の価格には追いつきませんから、直接補償のあり方を慎重に考えていくべきでしょう。日本の農業を支える生産者を、社会としてどう支えていくのかという議論が足りないように感じています。

――冒頭に、メディアがもっているステレオタイプなものの見方について言及されました。しかし、吉田さんがお話しされたように、現場の記者たちはものごとをよく理解していると思います。一体何が原因で、メディア全体としてそうしたものの見方が定着してしまうのでしょうか。

吉田　例えば、新聞社には、財務省の担当、自動車業界の担当などそれぞれの分野に大勢の記者がいます。そうした人間の集団がいて、それらが歴史的に活動してきた中で、現在のメディア重層的なものの見方が出来上がってきているのだろうと思います。これに対し、専門紙を除けば農業を担当する記者の数は少ないため、農業記事には、ほんの少し取材しただけで書かれたものや、農業を外側から見て書かれたものが多いように感じます。私自身としては、農業を理解した上で、それでも批判すべきことは批判するという姿勢で取り組んでいるつもりですが、それでも知れば知るほど日々自分自身の考えが変わってしまうこともあります。私の立場としては、農家の気持ちをもう少し一般の人に伝え、そして一般の人が農業をどう見ているかを農家の人たちにも伝えたいと思っています。

（二〇一六・六・二）

農業の成長産業化に向けて農林中金が果たしていく役割

農林中央金庫　理事長　河野　良雄

本日は、農政ジャーナリストの会の研究会でお話をする機会をいただき、ありがとうございます。とても光栄に感じております。今日は、農業の成長産業化に向けて、私ども農林中金が果たしていく役割についてご紹介をさせていただきたいと思っております。この機会が、農林中金の取り組みをご理解いただくことに少しでもお役に立てれば、大変ありがたく思います。

私ども農林中金は、全国各地の農協、漁協、森林組合等約三七〇〇団体を会員とする、第一次産業のための協同組織金融機関です。一九二三年、関東大震災の年に設立され、平成三五年に創業一〇〇周年を迎えることになります。農林水産業の担い手と食品・肥料など第一次産業に関連する企業に対して、融資をはじめとする様々な金融サービスを提供しているほか、国内有数の機関投資家としてグローバルに投資をおこなっております。従業員は三五六一名、事業所は海外も含め四二拠点で仕事をしております。各種の事業で得た収益を全国の会員の皆さまに、安定的に配当あるいは奨励金という形で還元しております。平成二七年度の合計還元額は五二〇〇億円になっております。

農林中金は農林中央金庫法に基づいて設立されております。一般の方の中には、農林中金は政府系の金融機関だと思っておられる方もいらっしゃいますが、昭和三四年に政府出資を全額返済しており、昭和六一年の法改正で、出資資格者から政府が削除され、完全に民間法人化されております。従って、民間金融機関になって、今年で三〇年が経ちます。

根拠法の第一条目的事項に、「農林中央金庫は、農業協同組合、森林組合、漁業協同組合その他の農林水産業者の協同組織を基盤とする金融機関としてこれらの協同組織のために金融の円滑を図ることにより、農林水産業の発展に寄与し、もって国民経済の発展に資することを目的とする」とされ、これを組織の第一の使命に掲げております。よく、農林中金は直接農林漁業者に融資をするように思われることがありますが、一部には直接おこなう場合もありますが、その多くはＪＡ、ＪＦあるいは県段階の信農連、信漁連が担っております。農林中金はそうした金融サービスのサポートの役割に徹し、金融商品を開発したり、推進戦略をたてたり、システムの提供をしております。

従って、農林中金は会員の安定的な収支支援に金融面で貢献すること、各地域での第一次産業を金融面でサポートすること、そしてＪＡバンク、ＪＦマリンバンクに関して経営指導等をおこなうことによって、会員に貢献することが第一の使命です。

金融を通じて農林水産業に貢献することが、農林中金の使命ですが、その具体的な姿は、九〇年を超える農林中金の歴史の中で、その時代と社会そして農家の求める声に応える形で大きく変化をしてまいりました。前回の東京オリンピックの頃までは、農家は資金不足の状態であり、今とはまったく逆に、日銀から農林中金が資金を調達して、各県に配布し、その資金で農家の営農や生活に必要な資金を賄っていました。そのように、資金を供給していた時期がかなり続いていましたが、その後一九七〇年～九〇年、田中角栄元総理のもと列島改造論によって、全国の農地が宅地化へ転用されていきました。その間、農協貯金が増加し、その結果、今のように各JA・信連で貸出、運用した後に、余ったお金を一元的に運用して収益を還元するという性格に変わってきました。

時代の変化の中で農林水産業に貢献する使命

私は一九七二年に農林中金に入庫いたしました。その翌年は創立五〇周年を迎えています。その時のJA貯金は一〇兆円の大台に至りました。現在、九七兆円になっていますので、創立から五〇年で一〇兆円しかなかった貯金が、その後の五〇年弱に間に八〇兆円増加したことになります。この間の増加額がどれだけ大きいかが想像できると思います。それらの資金は、それぞれの段階での資金需要を賄った後、農林中金に預けられます。そのため、主務省と相談し、従来は農林水産業に特に近い企業にしか融資できなかったものを、徐々に規制緩和していただき、現在では、業種ではまったく規制なしに融資が可能となっております。それでも資金の運用スピードが追いついていかないため、一時期は短期マーケットを通じて市中銀行に資金供給をおこなっており、農林中金は当時大手町にありましたので「大手町の日銀」と言われるくらい、一〇兆円単位の資金を各金融機関に供給していました。その後ゼロ金利政策が導入されたため、そうしたマーケットを通じた資金供給では収益を上げることが出来なくなり、国際分散投資をおこなうようになりました。日本だけではなく、世界各国で株、債券、クレジット商品に分散して投資をするという、現在のビジネスモデルに変更したのです。リーマンショックによって一時期不調になりましたが、系統の皆さまから一兆九〇〇〇億円の増資をいただき、現在に至っております。

いろいろな時代の変遷の中で、時には国際分散投資にばかり注力して国内農業には力を入れていないのではないかというご批判もいただいたこともございましたが、根底には、金融を通じて農林水産業に貢献するという使命は、今も変わっておりません。われわれ役職員もそのことを第一義的に考えて仕事をしております。

現在農林中金が農業に提供している付加価値には、三つあると考えます。

一つは、生産者サイドへの総合的なサービスの提供です。農家や農業法人への直接的なサービスの提供として、農業関連融資に代表される金融サービスに加え、非金融分野においても、農家や農業法人の経営力を向上することにつながるサービスを提供しております。

二つは、運用利益の還元です。ＪＡや信連から預かった余裕金を国際分散投資で運用し、その利益をＪＡ等に配当あるいは奨励金として還元し、ＪＡや信連の経営の安定化を図ります。これを通じて、地域農業へ貢献していると考えております。平成二七年の還元額総額は、五二〇〇億円強となっております。

そして三つ目は、ＪＡバンクの運営です。ＪＡバンクは、ＪＡと信連と農林中金で構成されている金融グループの総称です。農林中金は、全国に約七〇〇あるＪＡ、そして信連とともに、実質的に一つの金融機関として機能するよう一体的な事業運営をおこなっています。地域毎のニーズに応えつつ、効率的な運営を実現するとともに、ＪＡバンク会員であるＪＡ・信連の経営の健全性の確保に向けた指導機能も発揮しています。

大規模化が進み農業関連融資は増えてくる

わが国の農業関連融資の規模は、二〇一五年度の総額が約四・一兆円であり、国内の全産業融資総額は五七九兆円ですから、〇・七％の水準です。日本農業のＧＤＰ（名目）は四・八兆円で、国内全産業ＧＤＰ四八七兆円の約一％程度になっています。融資総額に占める農業関連融資の割合とＧＤＰに占める農業の割合は、世界的に見ても相関する関係にあり、日本はイギリスやアメリカとほぼ同じで、一対一の関係にあります。つまり、四・一兆円という数字は、ＧＤＰに占める割合から見ると、決して少ない金額ではないということをご理解いただければと思います。

借入の状況を見ると、農業経営体一三八万のうち八三％を占める一一五万の小規模零細農家のうち、借入をしているのは約三五％に過ぎません。六五％の小規模零細農家は自賄いで仕事をしていることになります。一方、一三万経営体の大規模農家の七三％が借入をおこなっています。

そのように、規模が大きくなればなるほど融資を受けることになりますので、今後の政策と同様われわれ系統団体も、大規模経営に寄り添いながら、農業の成長産業化に向けて取り組んでいこうとしております。従って今後、農業関連融資は増えてくると見通されます。

ご承知のように、農業経営体数は毎年四％程度ずつ減少してきており、二〇〇五年には二〇〇万以上あった経営体が、今は一三八万になっています。一方、耕地面積五ヘクタール以上の大規模経営体は九万から一一万へと、徐々に増えてきています。そのように農家数そのものは大幅に減少しているものの、融資総額はあまり変化していません。リタイアが続いてきた小規模農家は、そもそもあまり借入がなく、一方で相対的に借入の多い大規模農家が増加することによって、融資額は横ばいを示しています。

農業は食料安全保障等国家的な重要性の観点があり、一方で天候に大きな影響を受けます。そのような産業としての固有のリスクに対応するために、生産者が必要とする資金ニーズに応えていく必要があります。従って、民間金融機関では取り切れないリスクがあり、それを補完する位置付けとして、日本政策金融公庫の公的資金制度が用意されています。公的融資では、一定の条件を満たした場合に当初五年は実質無利息で、二五年という超長期の貸出期間を持つ資金も用意されています。融資残高で見ると、公的融資によるものは全体の四割弱の一・六兆円、残りの二・五兆円が民間機関によるものです。この民間融資のうち七五％に当たる一・九兆円はＪＡバンクによるものです。

因みに、農業以外の一般産業での公的融資の占める割合は一一・四％ですので、農業関連における公的融資の占める割合の大きさが分かると思います。

日本政策金融公庫による融資には、公庫が直接農家や農業法人に貸し出すルートと他の金融機関に融資を委託するルートの二つがあります。後者は、窓口での審査を受託金融機関がおこない、公庫は資金を提供するという役割分担となっています。この受託融資は、多くの金融機関が取り扱うことが出来、その中でもＪＡバンクは最も多くの金額を受託しており、全体の三三％、〇・五兆円がＪＡバンクを受託金融機関としたものです。

ＪＡバンクが窓口になって融資している公庫資金〇・五兆円とＪＡバンク自らの資金による融資一・九兆円を合わせた二・四兆円が、ＪＡバンクによる農業関連融資の総額になります。これは全農業関連融資の約六割を占めており、最大の貸し手であるということがお分かりいただけると思います。

また、われわれは、このシェアを今後も維持していけるよう、平成二七年度から、ＪＡ・信連・

農林中金のＪＡバンク全体による、新しい農業融資の実行額目標を定めました。昨年は二六七七億円を目標にスタートし、三一九九億円と一二〇％の実績を達成できました。今年度も三五一二億円の目標をたてており、これが達成できれば、シェアの維持、さらには若干の拡大が出来るのではないかと考えております。

また、ＪＡバンク全体による融資の内訳を見ると、ＪＡからは主に中小・零細農家を対象に一・三兆円、都道府県の信連からは個々のＪＡでは対応しきれない大規模農家などを対象に〇・七兆円、農林中金からは〇・四兆円を融資しています。このように、ＪＡバンク全体では、ＪＡが過半を占めています。

農林中金による融資の内訳をご説明します。ここで言うところの農業向け貸出とは、基本的に農業者個人あるいは農業生産法人向けの融資を指す日銀の産業分類による狭義の農業貸出であり、残高は二三四億円に過ぎません。農林中金全体の資産規模は、現在一〇〇兆円になりますが、融資はそのうちの二〇兆円を占めています。この二三四億円は、貸出総額である二〇兆円の〇・一％に当たり、この部分についてを小泉進次郎先生がご指摘されたわけです。

この二三四億円に、全農をはじめとする農業関連団体に対する融資三〇一〇億円と、日本政策金融公庫の受託融資七二一億円を加えると、農林中金の農業関連融資総額は、三九六五億円になります。こういった構造にある農業融資の情報開示には、私どもとしてもより理解を頂けるような工夫が必要ではないかと思っております。

このように農林中金による農業関連融資は約四〇〇〇億円の規模であり、貸出額全体に占める割合は二％に過ぎませんが、ＪＡ、信連、農林中金というＪＡバンク全体では、日本全体の六割を占めており、最大のシェアを有していることに変わりはありません。

農業の成長産業化には担い手の育成

農業の成長産業化に関しては、以下にあげる三点が重要だと考えております。

第一に、地域の基幹産業である農業を持続可能な成長産業として育てるためには、今後の担い手の主役となる農家あるいは農業法人の経営力を強化することが重要になります。

農業就業者の平均年齢は六八歳を超え、農業就業人口も大きく減少しています。私が農林中金に入った一九七二年には一〇〇〇万人いた農業就業者が、現在では二〇〇万人を割り、五分の一になっています。これまでは、生業として家業の範囲で農業を続けてきましたが、大規模化や法人化によって生み出される農業の世界は、これまでとはまったく違ったものになると思っております。従って、われわれは、そうした発展・成長のステージに合わせて、資金需要をはじめ販売先の開拓や経営管理のスキルアップなど金融、非金融両面のニーズをサポートしていこうと考えております。

こうした法人や大規模農家だけでは地域の農業を維持することは出来ません。このため、第二には、数では圧倒的に多い中小・零細農家への対応も必要です。なぜなら、中小・零細農家は、生産の担い手であるとともに、地域や集落、農業の生産基盤の守り手となっているからです。彼らが持っている多面的機能を維持していくことが、大規模農家や農業法人の活躍も含めた、農業の成長産業化の前提となると考えております。

現在、一三八万経営体のうちの一割を超えている大規模農家が、販売金額の七割を担っています。一〇％の農家が販売額の七三％を占めているわけです。従って、今後農業を成長産業としてリードしていくのは、こういった大型化した農家や農業法人であるのは間違いないでしょう。

一方、経営体総数の九割を占めている一二五万の中小・零細農家は、引き続き減少していくものの、一定の割合を占めて存続していくと考えられます。従って、農業生産の現場では、そうした中小・零細農家の支えている部分が非常に大きいと思います。水路や農地などの農業生産基盤の維持には、なくてはならない存在だと思います。従って、そうした中小・零細農家を支えていくのも、農林中金の大きな役割だと考えております。

日本と大規模化が進む欧州各国とを比較すると、日本は圧倒的に高い中山間地域の比率となっています。これが、中小・零細農家が多く存在する理由の一つにもなっていると考えられます。全国それぞれの地域に、中小・零細農家が存在していますので、ＪＡバンクも全国に一万弱の店舗を設けて、そうした人たちへの金融サービスを提供することが使命であると考えております。

第三は、多様化・高度化が進む消費者や産業界からの要請・ニーズへの対応です。安全で、安い国産農産物を食べたい、という国民の声が大きくなってきており、そうしたニーズを捉えて、外食産業や中食産業の方が大きなマーケットを形成してきております。その意味で、農業者もマーケットインの発想で、そうした外食・中食業界のニーズに合致するような生産をしていく必要があります。

この四〇年間で消費者のニーズは大きく変化しました。一九七〇年には、生鮮食品の購入の約半分を消費者が購入していましたが、最近では、それが三分の一に減っています。その間、外食や調理・加工食品（中食）がそのシェアを伸ばしてきました。産業界が消費者のニーズをうまく捉えて、それに適応してきたのです。

一方、農業者サイドはそうした変化に、必ずしも十分に適応できなかったと言えます。今後は、外食・中食業界のニーズに農業界が応え、お互いに「ｗｉｎ－ｗｉｎ」の関係になることを、農林中金としても目指していきたいと考えております。

農林中金の全勢力を挙げる食農ビジネス

すでにお話ししたように、様々な環境の変化を捉えて、農林中金は、その都度大きく姿を変更させながら運営してきました。そして、この四月からスタートした中期経営計画において、食農ビジネスという新たな柱を立てることにいたしました。従来、農林中金は農協の信用事業運営のサポートと国際分散投資を経営の両輪として位置づけてきましたが、これに食農ビジネスを加えました。これも、時代の要請に応えて具体的な姿を変え、役割を担っていく農林中金の強い意志であるとご理解いただきたいと思います。

この食農ビジネスによって、一つは、今後の農業の主役となる大規模農家にとって最も頼りになる金融機関になることを目指します。二つ目には、産業界のニーズと多様な農業生産者をつなぐ架け橋となることを目的としております。

この六月二四日付けで、農林中金は過去最大規模の機構改正をおこない、食農法人営業本部を立ち上げました。今までは、一般企業融資と農業関連融資とではまったく別の部署で担当していましたが、それを同じ部署で担当できるような体制を整えました。農林中金の三五〇〇人を超える職員のうち、男性の総合職は二〇〇〇人、そのうちの五〇〇人を配置し、トップは宮園副理事長が担当しており、農林中金の全勢力を上げて取り組んでいきたいと考えております。

これまで個々のＪＡでは、大規模農家の要請に応えることがなかなか難しかった面もあります。今後は、全国に一〇万五〇〇〇あると言われる大規模農家と一万五〇〇〇の農業法人のうち八万経営体をリストアップし、ＪＡと信連、農林中金で手分けして、必ず年一回以上訪問することにしました。まだ金融取引には結びついてはいませんが、今後三年間続け、出来れば大半の大規模農家や農業法人と取引できるようになればと頑張っていきたいと思っています。

「アグリシードファンド」は、技術力はあるものの法人化したばかりで業歴が浅く、資本不足にある農業法人の財務を安定させたいというニーズに応える商品です。融資ではなく、当面返済の必要がない資本を供給するというファンドです。二年前に立ち上げたのですが、この間の取扱い件数は二〇〇件弱、出資額は一五億二〇〇〇万円に上っています。今後も、かなりのニーズが予想されますので、ファンドの許す限り、出資を続けていきたいと思っています。さらに、「アグリシードローン」、「担い手経営体応援ファンド」といったメニューも用意しています。

資金や資本以外の非金融面もサポート

農業法人が、その経営力を強化していくために、金融機関として資金や資本の提供以外の非金融分野でのサポートもおこなっていこうと、いくつかのメニューを用意しました。例えば、「アグリシードリース」は、農家の規模拡大に向けた計画の中で、大型機械をリースで導入したいという要請に応えるものです。リース料全体の四〇％の費用助成をおこなうもので、昨年七月に募集をしたところ、全国から八〇〇〇余りの応募があり、合計一七八億円を農林中金が助成をしました。これらの助成先には、今後農業貸出の実行が出来る可能性もあります。また、「生産コスト低減応援」は、全農や企業との連携を強化して、農家が仕入れる生産資材の低価格化を実現できるように、農林中金として応援をしていくプログラムです。

そして、法人化した農家は、会計、税務あるいは労務で悩むことが多いようですので、それらの悩みを相談できる全国相談窓口を農林中金として開設いたしました。全農の全面的な協力を得て、それぞれの農家からの相談に答えております。各県レベルでも、セミナーや相談会を開催する際には、農林中金が費用を助成しております。

ご承知のように現在、農産物の輸出拡大に政府をあげて取り組んでいます。現在の五〇〇〇億円強を二〇二〇年までに一兆円に増やそうとしています。この分野についても、農林中金として、冊子の作成、セミナーの開催、海外実売会・商談会の案内・参加に取り組んでいます。

これまでご説明してきましたように、農林中金は、金融・非金融の両面から農業の成長産業化に向けた取り組みを支援しています。五年間にわたる農林中金の収益の中から、一〇〇〇億円を用意し、毎年二〇〇億円ずつ支援するプログラムの原資とします。先ほどの「アグリシードリース」によるリース助成も、この中から支援をおこなっています。併せて五〇〇億円のリスクマネーを用意していますが、これは全農や企業と一緒になって取り組む場合に資本提供などで支援するプログラムです。

いずれにしても、農業の主役となる担い手から、最も信頼される金融機関、そして産業界と農業界をつなぐ架け橋になることを目標に、これからも農業が成長産業になるために全面的にサポートしていきたいと考えております。

（こうの　よしお）

〈質　疑〉

――特に食農ビジネスでは、全農との協力関係が重要になってくると思いますが、具体的にはどんな連携を考えておられるのでしょうか。

河野　私どもは、農業の生産部門についてはあまり詳しくありませんので、様々な支援の枠組みは用意していますが、具体的に案件を扱う場合には全農の智恵が絶対に必要です。従って農林中金としては、全農と密に連絡をとりながら、それぞれのプロジェクトを早急に立ち上げて具体化していくように努力していきたいと思っております。

――今日は農業についてのお話が中心でしたが、林業や水産業関連については、どのように取り組んでいかれるのでしょうか。

河野　もちろん、森林団体、水産団体とも農林中金の出資メンバーでございます。本日ご説明したメニューに関しては、すべて森林、水産分野にもございます。

――いろいろな取り組みが始まっていることがよく分かりました。ただ、これまでこうした取り組みが、なぜ出来なかったのでしょうか。

河野　今までは、ＪＡ、信連、農林中金それぞれが、各自の機能分担をとても意識していました。農業への貸出の部分はＪＡ・信連に任せて、農林中金は企業融資に特化し還元すればいいという割り切りがあったのだと思います。われわれも、そうすることで十分評価していただけると思ってやってきたわけですが、そうした認識の甘さがあったのだろうと思います。農家サイドでは、中小・零細農家だけではなくて、法人化して、規模拡大している経営体が出てきており、そうした経営体はＪＡではなく、地銀の対象になるほどに成長してきていました。そうしたことに気がつくのが遅かったのではないかと思います。比較的規模の大きい農業法人が二〇〇あるということは、それだけ新しい取引先が生まれることになり、金融機関としてはあまりないことです。そうしたニーズを捉えられなかった現場の認識が甘かったのでしょう。

――ＪＡバンクグループの預金残高は九〇兆円、融資は二一・四兆円です。いろいろなメニューが用意されてはいますが、そもそも農業セクターの中だけで資金循環をしていくことに無理があるのではないでしょうか。

河野　その通りでして、先ほどご説明したように、農業関連融資は現在四・一兆円であり、一足飛びに大幅な増加は期待できません。従って、引き続き国際分散投資をおこなって、国内外から収益を得て、それを会員に還元することは依然として、農林中金の大きな仕事であり続けると考えています。しかし、金額的な多寡ではなくて、われわれが拠って立っている基盤であって、政府が後押しをして成長産業になろうとしている農業に、農林中央金庫が支援をしないということはあり得ません。農業融資にこれまで以上に力を入れていきますが、もちろん、これだけの余裕金を農業界の中だけで循環させることは出来ないので、一般の企業にも融資をしていますし、国際分散投資も六〇兆円規模になっています。

――確かに農業法人は増えてきていますが、その経営内容の実態はどうなのでしょうか。また、日本農業の全体像はどのように考えていらっしゃいますか。

河野　一万五〇〇〇ある農業法人のうち、金融取引あるいは非金融でもお付き合いがある経営体は二百数十社に過ぎません。それらに関しては経営内容について審査しておりますので、経営内容は把握できているつもりです。ただし農業法人に限らず、他産業の一般法人でも、経営に成功しているのは一割から二割に過ぎないと言われています。つまり、うまくいっていない方が通例ですので、農業法人についても同じことが言えるのではないかと思います。従って闇雲に融資をすることは、当然ながら金融機関として出来ません。

農業担い手の全体像をどう考えるかについては、農水省が、担い手について約四〇万人に農地の八割を集約するとしています。その様な施策が進んでいる中で、私どもとしましても、施策を金融機関として後押しして行くことが求められていると考えております。

――農協の信用事業譲渡に関しては、どのようにお考えでしょうか。また、今後の対応をお聞かせください。

河野　信用事業譲渡といっても、例えば大分県の下郷農協のケースは、県の信連が下郷農協の所に店舗を出している形であり、東京島嶼農協のケースは、まさに信連に信用事業を譲渡した形です。平成一四年の再編強化法によって、農協の信用譲渡は法制上できることになっています。われわれ農林中金がそれを強制するということではなくて、農協が、経済事業に特化するために信用事業を手放して身軽になったほうがいいと判断すれば、それを農林中金は実現していきます。今のところ手を上げている所は出てきておりません。ただし、譲渡の枠組みは出来ておりますので、それについては各県の信連を通じてＪＡも承知していると思います。

――農業分野には農業法人を中心に、地銀や信組も力を入れてきているようですが、地域金融機関との競争あるいは協力については、どうお考えでしょうか。また、輸出の見通しは具体的にどの程度に見ているのでしょうか。

河野　われわれとしては、他の民間金融機関が農業分野に入ってきていただくのは歓迎です。大きな農業法人では、数行と取引していくのが普通です。輸出については、私どもの取り組みは始まったばかりで、生産、受入両サイドにどのようなニーズがあるかをヒアリングしている段階です。海外での展示会への案内や輸出実務について出来る範囲でのお手伝いをしているところです。

海外レポート

ＩＦＡＪ2017・in・南アフリカ

会員　金崎　哲也

国際農業ジャーナリスト連盟（ＩＦＡＪ）は、二〇一七年四月二日〜七日の日程で、南アフリカで年次総会を開いた。世界から約一二〇人農業関連の記者が参加し、事業運営の確認とともに、来期以降の運営方針などを決議した。総会内容には、言葉の壁があったが、総会の一環として現地農業や農業機械メーカーを視察など総会以外のところで、南アフリカを知ることが出来、ＩＦＡＪを眺めることが出来た。

今回のＩＦＡＪ参加において悩んだのが、専門用語の多い総会やセミナーであった。このことにはまったく自信がなかったが、日本から農政ジャーナリストの会の会員であるＫさんが参加し、Ｋさんの説明によると、今回のＩＦＡＪ総会では、「財団設立が提起されたため、例年になく活発な質疑がされた」こと、「食料安保など国際的に関心の高い話題を議論していなかった」、また、「財団設立は、二〇一五年に提起し、議論が進み、二〇一八年一月から活動開始を計画している」こと、しかし、財団設立の背景や目的、内容、運営プロセスに関して具体性に欠け、「問題は、財団を通じて誰が得するのか、IFAJ総会と財団の関係をどう保つのかだ」といった内容に特徴があった。

■異国のトラブルも、万事塞翁が馬

総会日程を終えた八日、ケープタウンの街を散策することにした。午前中は、布物や陶器などの店舗を回り、気に入った土産も買った。そして昼ごろ、観光スポットのウォーターフロント（WF）で昼食をとる。ここは港につくられた食事や買い物、世界ブランドや地元限定品など、観光客の楽しめる有名なスポットだそうだ。

ところがここでとんでもない事件に遭遇した。WFに向かいながら、道中の人に、WFへの行き方を聞いた。すると「歩いて一五分程度」との答えに、しばらく、指図通り進み、交差点に差し掛かった所で清掃員らしい人に行き方を再度確認した。その後歩いて一分、後ろから「ちょっと待ってくれ」との呼び声がした。三〇代の小太りの若者だった。

「ウォーターフロントには簡単に入れない。事前登録が必要だ」いう話である。さらに、「ATMで簡単に無料登録できるから着いて来い」と言っているらしい。そして、道路沿いに設置されていたATMの部屋に案内された。入り口には女性が椅子に座っていた。われわれ（Kさんも同行）が入室すると、その女性が席を立ち、どこからか背の高い一人の若者が現れた。異様な空気の中、Kさんは小太り若者の説明を聞きながら一歩ずつATM機械に近づいた。

私は、「おかしい」と思い、背の高い若者と真正面に対峙し、万が一に構える姿勢をとった。若者と何かをやりとしながら、異常を感じたのかKさんは私に、「クレジットカードによる登録が必要だそうだが、どうする？」と聞いた。南アフリカに行く前にさんざん現地秩序の悪さを聞かされていたので、現金のみ持ち歩くことにしていた。それで「クレジットカードを持っていません」と答えた。そこでは小太りの若者の説得が続き、結局、クレジットカードをATMに入れた。すると、小太りの若者も背の高い若者も、「用が終わった」ような仕草で、たちまちその場を去った。

ATM画面の内容を確認しつつ操作を進めるKさんに立ち会い、操作が終わった、と思った瞬間、Kさんが「しまった」と叫んだ。カードが戻ってこないからだ。入室前に椅子に座っていた女性に事情を説明しようとしても、聞く様子もなく、ATM部屋に鍵をかけ始めた。

Kさんは早速、ホテルに戻りクレジットカード会社に取引中止を申し込み始めた。しかし、ホテル電話は、直通ではなく、オペレーター経由のため時間が三〇分以上もかかってしまった。ようやくカード会社と連絡を取ったところ「すでに二〇万円分の現金が引き出され、八〇万円分の物品代が支払われた」との返事だったという。

事件に巻き込まれたにもにもかかわらずKさんは、非常に冷静だった。カードの差止を終え、現地警察への申告も済ませ、ホテルに戻ってビールを飲み始めたところ、Kさんは、「現在七〇歳、毎年五万円ずつ節約すれば、後二〇年で何とかなる」と、こんな言葉を話した。その前向きな言葉に、本当に頭が下がった。

そして帰国後、Kさんから「物品購入はストップ出来、キャッシング分は保険の適用で全額が戻ってきた」という報告があった。「本当に良かったですね」と話しかけると、私に「失ったと思った一〇〇万円が戻ってきた。このお金で長持ちするインプラント歯を入れる踏ん切りがついたよ」と笑った。

■タウンシップと呼ばれた居住区を歩く

南アフリカでは、華麗な都市開発と裏腹に、黒人差別的な制度のアパルトヘイトの深い傷跡がいまだに現存する。因みにアパルトヘイトとは、現地のアフリカーンス語で「隔離」や「分離」という意味らしい。白人が黒人社会に乗り込み、白人に有利に働く黒人の差別化、奴隷化する政策は、一九四八年から一九九四年まで四六年間も続いたもようだ。

そして、アパルトヘイト政策で黒人が強制的に住むことになった居住区はタウンシップと呼ばれている。同地区では、貧困問題や麻薬問題など様々な社会問題を抱え、治安が悪く、観光客のタウンシップへの個人的観光は、危ないと言われている。

そのためNGOが運営するタウンシップ観光ツアーを選び、現地に足を運ぶことにした。ツアーバスは、われわれが泊まったホテル前にも停留場があり、非常に便利だった。ツアー代金は、一人三九〇ランド（一ランド八・四円）。

ガイドは黒人で、タウンシップに入るや否や、入り口に設けている日常生活販売店に向かった。後に分かったのだが、大きなお菓子入り袋を買い上げ、現地の子供らに配るためだった。

ガイドが最初に案内したのがタウンシップならではの地ビールの販売店だ。地ビールといっても、工場でつくったのではなく、店舗の女性主人が手作りでつくったものだ。観光客には、現地人が飲み方を紹介し、スチールバケツに入れて提供する。そして、バケツにいっぱい出てきた地ビールを飲み、「エンコーシィカクール」（ありがとう）とお礼を言うのを忘れていけない。

それから、現地住民の家を訪問した。小さな部屋にベッドが三つあり、一つのベッドに一つの家族が住んでいた。そこには、女性がいなく、男性だけの住み込みを認めていた。ガイドによると、農村からの出稼ぎを安定化するために、政府が支援しているという。

■家族農業を視察したのだが

農場視察が予定され、最初に向かったのがヨハネスブルグ付近の「Ｂｕｈｌｅ農場」。白人がオーナーで、黒人が管理員の形で進む。農場で小規模農家に技術を教え、出来上がった農産品を農場が販売する。農場には、小さい農家四〇〇〇農家が参画し、その中で女性が六五％を占める。生産品目は、野菜から畜産など多岐にわたる。われわれが視察に行ったときには、ちょうど集荷に来た車に野菜を積むところだった。

もう一つの「ＲＯＳＳＯＵＷＧＲＯＵＰ」は、八〇年の歴史あるグループ会社で、養鶏場、コーンや大豆などの栽培、オレンジを生産、飼料工場の運営などを父と息子四人で分業して経営する。七五〇人の社員と八〇〇人の季節労働者を雇い、経営面積は六〇〇〇㌶に上る。

同社の事務処理などの職場には白人が多かった。しかし、埃の多い飼料置き場などでは、一人も白人労働者を見たことがなく、全員が黒人だった。

今回のＩＦＡＪ取材のキーワードの一つが、家族農業だった。現地の黒人がどのように家族農業を進めているか、非常にわくわくした。しかし、すべての視察先で見たのは、欧米系白人が農場主で、黒人が下層労働を担う現場だった。そして、こういった不平等に対する是正に関しては、ＩＦＡＪは、一切触れていないような気がする。むしろ、取材中で感じたのは、白人による黒人の搾取を黙認し、正当化するようなムードだった。

今後、ＩＦＡＪが財団設立の話があるが、ＩＦＡＪが本当に名前通り公正、公平な国際的な報道機関の役割を果たすだろうか。むしろ、欧米人のための、欧米が展開する政策のための報道機関になってしまうのではないか危惧してやまない。

（かねさき　てつや　日本農業新聞）

IFAJ会議

野菜出荷をする農場

飼料倉庫で働く労働者

第三二回農業ジャーナリスト賞が決まりました

農業ジャーナリスト賞は、一九八六年（昭和六一年）、「農政ジャーナリストの会」が創立三〇周年を記念して設けました。農林水産業、食料問題ならびに農山漁村の地域や環境問題などに関する優れた報道（ルポルタージュ、連載企画、出版物、放送番組など）から、顕著な功績のジャーナリズム作品を表彰しています。

毎年、その前年に発表された作品を対象に、今年度は新聞・出版部門から六点、映像・テレビ部門から一二点の、計一八点の応募があり、四作品に決定しました。

■受賞作品■

『中国山地』　中国新聞社

『じいちゃんの棚田』　テレビ愛媛

『静岡茶　次代へ』（奨励賞）　静岡新聞社

『地域魅力化ドキュメント　ふるさとグングン！』（奨励賞）　ＮＨＫ制作局

■受賞作品概要■

『中国山地』　中国新聞社

全国有数の過疎地帯である中国山地を丹念に歩き、過疎問題を農林業、高齢化、交通、移住、合併、若者などに真正面から多角的に深く切り込み、農山村の未来像を探った力作。中山間地に密着したルポ記事は、全一〇部の連載をはじめ、特集や関連ニュースを合わせて計八〇本に上る。

圧倒的な記事の量も事例紹介にとどまらず、識者の見解、読者の反応、充実したデータ、空撮を含む写真をうまく組み合わせた紙面構成で、過疎にあまり関心のない農家以外の読者も引き込む。過疎が抱える悲観的な情報だけでなく、子育て世代の「田園回帰」に代表される農山村再評価の前向きな動きも報じるなど、光と影をバランスよく描いている点も評価される。地域とともに歩む地方紙として現実を克明に伝えた上で、未来志向のメッセージを発信したことに説得力があった。

『じいちゃんの棚田』　テレビ愛媛

愛媛県内子町の小さな棚田を四年間の長期にわたって丁寧に取材し、撮影を重ねたドキュメンタリー番組。先祖から受け継いだ足場の悪い、機械も入らず作業効率も悪い九五枚の棚田を必死に守る老夫婦をはじめとする地域の人々の思いが伝わってきて、感動させられる。秀逸な作品に仕上がった。映像も美しい。

しばしばある「棚田保全の物語」ではなく、老夫婦と小学校の子どもたちを軸に物語は展開し、逆境の中で棚田をどう守り、次世代に繋げていくか苦悩する姿が印象的。特に子ども、閉校、障がい、隣人の死などの日常を描いている点が目を引き、その日常こそが世代を繋ぐ思いを作り出していることを語ろうとしている。「人が生きている姿、逞しさ」をありのままに描いている。効率化が困難な日本の原風景「棚田」をどう受け継いでいくか。深く考えさせられる作品だった。

『静岡茶　次代へ』　静岡新聞社

静岡県が全国一位の生産量・流通量を誇る茶産業が、生産者の高齢化や消費低迷などで大きな転機を迎えたのを捉え、地元紙が徹底した現場取材で伝統産業の振興と将来に対する熱い思いを感じさせる連載企画。なかなか思いつかない他産業・他業界からヒントと知恵を得ようとする切り口も良い。

川上から川下に至る長期取材で、冷茶や輸出など新たな価値創造の取り組みを紹介するとともに、抹茶ブームに代表される産業構造や消費構造が変わる茶業界・茶産地の様子を生き生きと描いている。現場取材に基づく独自の視点で茶業関係者の意識改革を促し、茶業関係者だけでなく、広く地場産業に対する消費者の理解促進につながった。

『地域魅力化ドキュメント　ふるさとグングン！』　ＮＨＫ制作局

人口減少が進む熊本県の山村、山都町大野地区を、地域づくりの達人が訪問した。地域に「あるもの」を生かす「地元学」という手法で、地域の魅力を掘出し、住民たちの潜在能力を最大限に引き出すことで、新たな地域おこしに挑戦した新機軸の番組。「地元学」という地味な取り組みを映像に残したことが評価される。

達人に背中を押され、おばあちゃんたちが廃校になった小学校に菜園を作り、コミュニティスペースとして活用しようと動き出す。これを共有することによって自信を取り戻し、みんなを元気にしていく。地域の課題に正面から取り組む人々の姿をしっかり捉え、解決策を示した。

【受賞の言葉】

荒木紀貴氏（中国新聞社報道部記者）

今回の取材テーマのきっかけになったのは、地方消滅を唱えた三年前の「増田レポート」だった。中国新聞社はこの半世紀にわたり、定期的に取材班を組んで、中国山地を取材してきた。われわれの地元はどうなっているのだ、この先、どうなっていくんだ、という視点で取材班を構成して一年足らず、現場を歩いた。ちょうど、過疎という言葉が生まれて五〇年。昨年は五〇年のスパンでこの間の変遷を大きな軸に置いて、その上でどうなっていくんだ、ということを考えた。

いろいろな現場を回ったが、やはりこの半世紀というは、改めて長い年月だったと思った。消滅した所もあり、消滅寸前の集落もあちこちにあったが、やはり一定程度、集落が無くなる、人がいなくなるというのを前提に、われわれも、行政も住民も考えていかないともたない、というのが一つ見えた。

われわれが心がけたのは、最初から農山村はまだまだ大丈夫とか、先入感をもっていくのではなく、現場で見たものをそのまま書こう、と。もちろん、地方紙なので、無責任なことは書くつもりもないし、当事者の一人としてしっかり考えていこうと取材に取り組んだ。もちろんありのままを書く中で、見たくない現実とか、お叱りの声も受けた。もっと明るい記事を書け、と言われたことも多々あった。それはそれで、今後の取材の参考にしながら続けていった。ただ、取材を続ける中で、やはり、まだまだ農村は捨てたものではないよ、ということを実感することが出来た。

例えば、農業の非常に厳しい現状があって、中国産地では平均年齢が七〇歳以上になっている。多分、これからは、この一〇年で農家の数がガクンと衝撃的に減ると思うが、その一方で、耕作放棄地もある中で、いい農地も空いてくる。そういうところを見越しても、若い農家、都市部は安全、安心指向なので、小さな農家でも、ちょっと高いけど、安心できる美味しい野菜を食べたい、というニーズはかなりあり、そこに向けて新しい仕組みをつくって動いている人もたくさんいる。改めて、農業の分野一つとっても、大ぐくりで駄目だというのではなく、厳しい面もあるが、そこを乗り越えようとする人がいることを感じた。

それともう一つは、この五〇年にはなかったことが、移住者の存在だ。若い人が都会から中国産地に移住してくる。ある地域では家族連れが入ってきて、無くなったスクールバスが復活したり、そういう地域があり、取材した時には、こんなことまで起きているのかと、改めて思った。もちろん、移住者が来ているからバラ色ではないが、そういう新しい血を入れて、これから反転して、人口の数だけではない、質にこだわった地域づくりが出来るのでは、という期待も大いに感じた。

中国産地をテーマにしたシリーズで農業ジャーナリスト賞を頂くのは、今回の受賞で三度目。身に余るありがたいこと。農政ジャーナリストの会の石井会長からも「地方紙の記者としてよくやった」と激励を頂いたので、これを励みに、今後とも地方の記者として、中国産地をはじめとする地域、農山村をしっかり当事者意識をもって取材し、また新しい前向きのことがあったら紙面に刻みたいと思う。今回の連載を本にして出版することも出来た。読んで頂けたらと思う。（談）

友近晶二氏（テレビ愛媛報道制作部カメラマン）

地方テレビ局の番組なので、皆さんにご覧いただけたかどうかは分からないが、愛媛県の内子町というほんとに小さな山沿いの所のお話しです。愛媛は柑橘の産地を思い浮かべると思いますが、その通りで、全然、米どころではない。そこまでして米を作らなくてもいいのでは……という所にある棚田だが、ここは、一九九九年（平成一一年）に「日本の棚田百選」に選ばれており、そのあとオーナー制度を始めた。その頃、取材に行った時には、いろんな人が外から来て、にぎやかになっていくのでは、という気分も持っていた。

それが三年前に、改めて取材に行った時には、一〇年が経ち、現役で米を作っていた人も七〇、八〇歳になって、そこから少しづつ、少しづつニュースの中で取り上げて、番組になった。最初は何かうまく解決方法というか、何か人の力を貸してもらう方法がないものかと思っていたが、実際にはオーナー制度といっても、現実、日々の農作業をしているのはおじいさん、おばあさんだけで、三軒の農家がずうと変わらずに農業を続けていた。

今だったらまだ間に合うから、力を貸して欲しい、という想いで番組をつくった。実はこの番組では、その中の一軒の方が亡くなってしまった。残念な想いもあるが、その息子さんが、山ではなく、その麓に住んでいるが、週に一度しか行かない。ドキュメンタリーではよく、山の中に八〇歳ぐらいのお年寄りがいるわずかな集落を取り上げ、最終的にこの人たちがいなくなったら、この集落が消えてしまう、どうしたらいいのか、という番組はけっこうあったと思うが、それはもう一〇年ぐらい前から分かっていることで、その解決策をテレビ局は示さなければならないという思いがあった。

何かないかと、地域の人たちと一緒に、オーナーとか、子どもたちとか、若い人たちに力を貸してもらえる方法がないかと、一緒に探してきた結果をまとめたのが、この番組だ。

お年寄りだけが出てきても希望がなく、やはり子どもたちに対し、皆んなの生まれた所はすごく大事で、良い所なんだよ、と大人が伝えないと。一度出ていくのは仕方がないが、故郷にはいずれ帰ってくると思う。その時に生まれた「まち」が無くならないようにとの思いもあった。「じいちゃんの棚田」というタイトルの番組だが、棚田よりも学校の閉校が半分入っている。閉校までの一年間を見つめました、という番組もよくあると思うが、閉校の後、その「まち」はどうなったのかは放送されない。それは無責任だろうと。その後に、寂しくならないようにどうしたらいいのか。取材してうまい解決方法は見つからないかも知れないが、どうやっているのだろうと、伝えていかないと、地方テレビ局の報道としてはいけないのでは、と思い、取材していた。その中で二年前だが、解決方法がない特集だったが、視聴率が良かった。その年に、愛媛県内で一〇何校かが閉校になっており、すごく関心が高いことだったのだ、というくらいの報道かも知れないが、続けなければいけないと、番組の中に盛り込んだ。

最終的に、主人公のお年寄りが安心して引退できるように、テレビが何か出来ることがあればしてあげたい。地元の人がやっていないことをやってみる。地元の人が他の地域の活性化している所を見に行ったりしているが、そこで何か自分たちでも出来ることがあるのではないか、という所を追いかけていきたい。

もしかしたら、残念な悲しい結末が待っているかも知れないが、地方局として何か出来ることがあったら、伝えていけたらと思っている。自分たちが番組で取り上げた所を特別扱いしているのではなく、過疎とか閉校とかいいじゃないか、と言ったら日本中が大変なことになる。だからそういうところを切り捨てないように、テレビ局として見つめていこうと思う。（談）

小泉直樹氏（静岡新聞経済部記者）

企画取材のきっかけは、私自身が二〇一三年〜二〇一六年まで、お茶の相場の取材を続けていく中で、これは儲かってない茶業界の危機だ、ということを肌で感じたことが一番の理由。このままでは、静岡の茶業界が駄目になってしまう。そういう危機感があり、次の世代に伝えたい、繋げたいという想いがあり、企画を始めた。

お茶は、生産者がいて、流通業者がいて、問屋さんがいて取引されて全国に流通していく。静岡ではよく、「生産四割、流通六割」と言われるが、全国のお茶の生産量の四割が静岡県産。流通は六割と言われ、他県産の鹿児島、京都、宮崎から来たものが、静岡の問屋が仕入れ、（荒茶に）仕上げて全国に流通させるという仕組みをとっている。四・六は最近少し変わってきているが、その流れは変わっていなくて、静岡が頑張らないと茶業界はやっていけない、ということは、取材先から聞き、自分でも肌で感じてきた。

その中で、生産者も商工業者もそうだが、売れない、茶業界は厳しい、と会合があるたびに決まり文句のように皆んなが言っている状況が続き、それは実際はどうなんだと。話しを聞いてみると、やはり厳しい。高齢化が進み、後継者がいない。荒茶価格が下がり、採算割れ寸前でいる人が多くなってきた。これは本当に茶業界全体の危機で、しかも急激に起きていることを強く感じた。それを何とか打開するために、地域の新聞として何かお手伝い出来ないかと。お茶担当三年で、何十年もお茶に携わっている人に取材させていただくと、少し外の視点からお茶の世界に新鮮な情報を伝えられないか、と。

今、若者がお茶を飲まなくなった。急須に入れたお茶の味を知らず、ペットボトルがお茶の基準になっているような状況だ。ただ、若者がお茶の味を知らないということは逆に、それは誰も知らないビジネスチャンスになると思い、いろいろな業界を回った。最近、政府の方針もあり、海外輸出が伸びているが、現場を見たいと思って米国に取材に行ったり、京都、鹿児島、三重と国内の主要産地にも取材に入り、現場の声を聞いた。

そこで感じたことは、今、ちょうど七〇代の社長が、農家もそうだが引退する年代に入っている。若い四〇、三〇代にどう繋ぐのか、瀬戸際に来ている。その中で茶業界の若い人、厳しいと言われる中で新しく参入してくる人もいる。そういう人たちをキャッチして、いろいろ話しを聞き、茶業界に対するヒントを少しでももらえないか、取材を進めてきた。

その結果、若者にとって、お茶は新鮮で、おしゃれと感じていることが分かった。今年は、生産量が減ったこともあるが、お茶の相場が少し下げ止まり感が出ていると感じている。ここ数年に比べると、少しバランスがとれてきたのでは。と思う。次世代にお茶を繋げるためにも、これからもライフワークとしてお茶を追いかけていきたい。（談）

吉永亮二氏（NHK制作局ディレクター）

テレビで地域を元気にする何かあるのではないかを合言葉につくったのが、今回の番組だった。「地域魅力化ドキュメント　ふるさとグングン！」というタイトルは、地域づくりについて困っている地域について、先進的な地域づくりに携わってきた達人が、そこの地域の住民の皆さんと一緒になって方法を考えていくという番組。その過程を、失敗することもあるが、描くことで、他の地域で悩む方々のヒントになればいいな、という想いも込めた。

今回の舞台は、熊本県の山村、山都町の大野地区。集落の人口は四〇〇人。お年寄りが四割を超え、唯一の小学校も五年前に閉校になった。この小学校はかけがえのない場所で、皆んの交流の場にもなっていた。おじいちゃん、おばあちゃん総出で秋の運動会に参加して、子どもたちと一緒にパン食い競争や仮装行列したりする場所だった。その小学校が閉校になった。残された子どもたち、家族はスクールバスに乗って、別の地域まで通っているような状況で、小学校からは声が聞こえなくなった。

今まで心のよりどころだった小学校を失ったことで、おばあちゃんたちが元気を無くしてしまう。そこで、今回、困りごとを何とかしたいという声を聞いて始まったのが番組制作のきっかけだった。

そこに訪れたのは、「地元学」という独特の手法で地域づくりに取り組む水俣市出身の吉本哲郎さん。水俣市は水俣病によって地域の住民たちは揺れて、地域社会が分断された。それが今も終わっていないが、それが水俣市の職員だった吉本さんが人々を繋ぎ直し、環境を皆んなで変えていこうという取り組みをなされ、後に水俣市は日本では初めての「環境のモデル都市づくり宣言」に選ばれたが（一九九二年）、その立役者の一人。地元学という地味な取り組みの中で、とても時間がかかる。

例えば、住民一人一人に長い時間、日をまたいで文章にまとめて、番組で紹介した七二歳のおばあちゃんは認知症の母親を抱えて、介護するために生涯独身で過ごす一人暮らし。生まれは朝鮮。戦後の混乱の中で、熊本に帰った。そのお母さんのご主人は現地で亡くなられた。当時は花をそえられなかった。帰国したお母さんはその無念を晴らすかのように、自宅の周りにきれいな花を植えまくった。だから、今でもそのきれいな花を受け継ぎ、大切に育てている。その美しい生き方を吉本さんは文章にまとめて手渡された。

すると、人生の中で一人暮らしのさみしさ、後悔もあったかも知れないが……おばあちゃんは涙を流した。それと同時に、自分が地域のために何か出来るのではないか、ということを言い始め、地域づくりを始めるようになった。そのおばあちゃんがつくった畑が廃校になった小学校にある。おばあちゃんに今回の受賞の連絡したら、よく分かっていなかったが（笑）、山椒の実を植えに行ったと嬉しそうに話していた。七〇歳を超えて、今青春が来たという印象を受けた。こうした姿を見ている周りの人たちも元気になり、トラクターなどの力仕事を手伝う人も出てきた。

昨年の八月、取材した際、それがさらに活動が進んでいるようで、地域にはおばあちゃんしかいなかったのが、収穫できなかった野菜を若い人たちが、乾燥して何かに使えないか、とか、この秋にも運動会も復活させようという声もあがっている。

今回、吉本さんから教わったことは、「答えは足元にある。小さいけれど、そこには大きな世界がある。広がっている」という言葉だった。おばあちゃんが始めた畑から、様々な人が習って広がっているという姿が、やがて大きなうねり、集落全体の元気になっていくのかなあ、取り組みを見ていて感じている。言葉の深さを改めて感じている。地域の課題を解決するのは難しいと思うが、何かその中でも頑張っている人もいるので、こうした賞で、時間がかかる地域づくりをあきらめそうになっているところを、励みになり、嬉しく思う。これを契機に新たな仲間が増えていったらいいな、と思う。地域の課題を解決するには、取材を通じて確信したのは。人と人が繋がらないと始まらない。地域づくりは地味で、時間がかかるのが、なかなかメディアで取り上げることがないと思うが、われわれも継続的に地域を見つめていきたいし、何か大切なものをメディアが垣根を越えて連携して取り組む方法もあるのではと思っている。（談）

■選考委員■

青山　浩子（農業ジャーナリスト）　阿南　久（元消費者庁長官）
大江　正章（有・コモンズ代表）　小田切　徳美（明治大学農学部教授）
甲斐　良治（社・農山漁村文化協会編集局）　永井　進（株・永井農場代表）
原村　政樹（記録映画監督）　吉永　みち子（作家）
合瀬　宏毅（農政ジャーナリストの会副会長　NHK解説委員）

（敬称略　五十音順）

編集後記

▽…地方消滅が話題の時代、人口増加率全国二位というトカラの報道です。自然の中で暮らすと打明けトカラへ渡った友人を三〇数年ぶりに思い出しました。トカラとは鹿児島県の南に連なる列島の呼称。今ここに移住した若者がサカキ、スナップエンドウ、バナナ栽培など小さな農業に成功している。因みに増加率一位は御蔵島。有吉佐和子の名作『海蔵』の舞台です。

▽…特集テーマ『農業の成長産業化を問う』は、小さな農業でなく、国際化に強い農業を視野に入れて、農業の成長産業化に何を求め、いかなる改革をすべきか提言しています。農業という産業が内包する制約の中でどのような形を求めるのか、大きな課題に研究会講師四氏の提起です。「TPPと農業の視点から」、また与党自民党の小泉進次郎農林部会長から農政新時代の認識をもって「成長産業化の方策」を、さらに法人化した農業で各地の成功事例を挙げているリアルな内容、そして農林中央金庫が金融面からいかに「農業に向き合ってきたのか」などじっくり読んでほしい特集です。

講師トップバターの大江博氏は現在フラン、フランスOECD勤務。内容確認のメールに即刻返信していただき、深謝。

▽…農業ジャーナリスト賞発表の季節。農業に関心を持つジャーナリストを中心に誰もが参加可能な自主的集まりの当会の今年は三二回目の仕事です。

▽…『海外レポート』は、当会加盟の国際ジャーナリスト大会に出席した会員からの報告です。訪問機会も少ない南アフリカレポートです。

（青）

日本農業の動き No.196
農業の成長産業化を問う

定価は裏表紙に表示してあります（送料は実費）。

平成二九年九月二〇日発行©

発行 農政ジャーナリストの会
編集 会長 石井勇人
〒100-6826 東京都千代田区大手町一の三の一（JAビル）
電話（03）六二六九-九七七二
FAX（03）六二六九-九七七三

販売 一般財団法人 農林統計協会
〒153-0064 東京都目黒区下目黒三-九-一三 目黒・炭やビル
電話（03）三四九二-二九八七
URL：http://www.aafs.or.jp/
振替 〇〇一九〇―五―七〇二五五

購読のお申込みは近くの書店か、直接発行・販売元へご連絡下さい。バックナンバーもご利用下さい。

PRINTED IN JAPAN 2017　ISBN978－4－541－04164－7　C0061

安全と安心を、すべての食卓に。
JAグループは、生産者一人ひとりと共に、今日も進みつづけます。
この国の豊かな大地と地域のくらしを、次の世代へ伝えるために。
JAグループ
耕そう、大地と地域のみらい。
安全と安心を、すべての食卓に。
JAグループは、生産者一人ひとりと共に、今日も進みつづけます。
この国の豊かな大地と地域のくらしを、次の世代へ伝えるために。
JAグループ
耕そう、大地と地域のみらい。
あなたの今日の運勢は？
ラッキー野菜くじ